U0177713

西瓜雕花技法

罗家良　张程　编著

化学工业出版社
·北京·

图书在版编目（CIP）数据

西瓜雕花技法/罗家良，张程编著．—北京：化学工业出版社，2022.5
ISBN 978-7-122-40939-3

Ⅰ.①西…　Ⅱ.①罗…②张…　Ⅲ.①西瓜-食品雕刻
Ⅳ.①TS972.114

中国版本图书馆CIP数据核字（2022）第039506号

责任编辑：张　彦　　　装帧设计：史利平
责任校对：赵懿桐

出版发行：化学工业出版社（北京市东城区青年湖南街13号　邮政编码100011）
印　　装：天津图文方嘉印刷有限公司
710mm×1000mm　1/16　印张10　字数178千字　2022年6月北京第1版第1次印刷

购书咨询：010-64518888　　　售后服务：010-64518899
网　　址：http://www.cip.com.cn
凡购买本书，如有缺损质量问题，本社销售中心负责调换。

定　　价：69.00元

目录

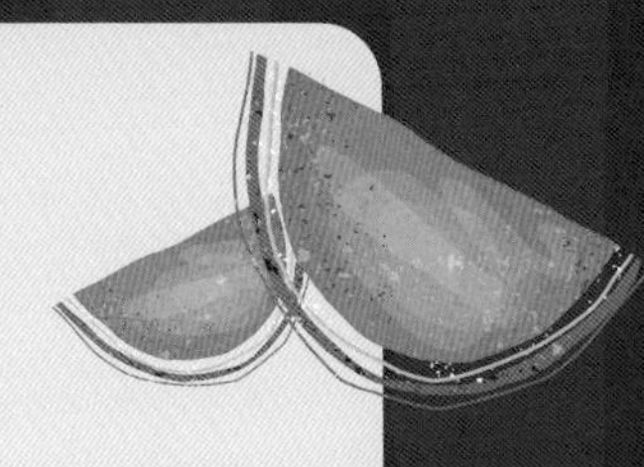

第一部分 西瓜雕概述

第二部分 西瓜雕教程

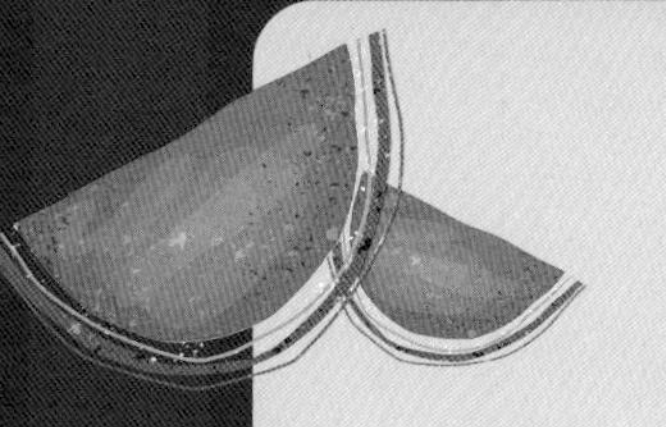

花好
月圆

第一部分

西瓜雕概述

1. 西瓜雕简介

最近几年，西瓜雕很流行，它不仅是一种厨艺，还逐渐演变成了一种新潮时尚的手艺，一种新颖的视觉艺术。

除了宾馆酒店，西瓜雕还经常出现于商场、会场、售楼中心、车展、服装展等场合。西瓜雕作品以它鲜明艳丽的色彩、优雅高贵的造型、新鲜水嫩的质感、清新淡雅的香气，吸引着每一位看客。那红白相映的“月季”、火红热情的“玫瑰”、恣意怒放的“牡丹”、端庄典雅的“大丽花”，让人流连忘返，不忍心离去。有时，西瓜雕的展示并不局限于雕好的西瓜本身，将作品拍摄成视频和图片在网络上传送，可沟通情感，表达爱意，传送祝福。

微信、微博及其他各社交平台流传的各种精美的西瓜雕刻视频和图片，激起了很多人的学习兴趣。学西瓜雕的人，不再仅仅是厨师了，学生、职场白领、家庭主妇、退休老人等纷纷跃跃欲试，买刀买瓜，边雕边吃，其乐融融，很多人把学习西瓜雕当作了一种爱好和消遣。

西瓜雕，主要包括用西瓜的表皮雕西瓜花、西瓜灯、西瓜盅，也包括用西瓜的瓤雕一些立体造型，如鱼、虾、鸟等。

近几年，西瓜雕花尤其受到人们的喜爱，因为充分利用了西瓜的红瓤白皮绿表的特点，雕出来的西瓜花红白绿相映衬，造型美观，色彩鲜艳，香气袭人，看到的人无不为之欣喜、动容。

西瓜雕花在我国早已有之，只是并不广泛，一些厨师根据我国传统的木雕、玉雕手法，在西瓜的表面雕出漂亮的牡丹花、月季花、玫瑰花等摆放在餐桌上，很受客人喜爱。而近年来受泰国西瓜雕（简称泰雕）的影响，我国的西瓜雕花技术在原有基础上开始向着精细、美观、普及、多样、实用、装饰性强的方向发展。

西瓜灯早在明清时期就出现在我国扬州民间，后经厨师们发展改进，运用到了餐厅、厨房。西瓜盅既能欣赏又可作盛装菜肴的容器，在餐桌上很常见。

2. 西瓜雕特点

① 颜色艳丽，造型美观，红白绿相映衬，惹人喜爱。因西瓜是一种常见的美味水果，质地水嫩新鲜，口味甘甜，人人都喜欢，所以和萝卜雕、南瓜雕相比，西瓜雕的作品更让人有亲近感。

② 西瓜雕不仅颜色好看，而且体积较大，视觉效果好，能吸引眼球，有很好的视觉冲击力，能很好地烘托活动现场的气氛。这一点是小型水果如苹果、橙子、猕猴桃等无法相比的。

③ 因西瓜体积较大，能在表面上刻文字、人像等，所以能表现各种主题，满足各种活动的需要，如“生日快乐”“寿比南山”“开业大吉”“百年好合”“周年庆典”等。

④ 西瓜雕学习起来比较容易上手。因为是以花朵和装饰图案为主，不需要专业美术基础，只要多加练习，就能学好，不像其他食雕，造型以龙凤、鸟兽、人物为主，需要一定的美术功底。

⑤ 西瓜雕原料成本低，价钱便宜。

⑥ 不浪费。雕好的西瓜雕作品，展示后可以切开食用，而西瓜灯、西瓜盅作品，只是用瓜皮雕刻，瓜瓤可挖出来食用或榨汁。

⑦ 保存时间较短，这既是缺点也是优点。雕好的西瓜雕作品，展示的时间是几个小时，这让人感觉有点可惜，有点遗憾。但也正因为西瓜雕是一种短暂的、瞬间的艺术，才更让人珍惜。

3. 西瓜雕的原料

西瓜雕的原料当然是各种西瓜，从皮色上看，有带花纹的，有翠绿色的，也有墨绿色的，如花皮西瓜、蜜宝西瓜、乐宝西瓜、黑美人西瓜、无籽西瓜、麒麟瓜等。

从大小上分，有大型西瓜（16 ~ 17斤及以上）、中型西瓜（12斤左右）和小型西瓜（3 ~ 4斤），小型瓜如特小凤（黄瓤）、墨童等。

从形状上分，西瓜分长圆形、椭圆形、圆形三种，也有一些经特殊培育的异形西瓜，如心形、方形等。

雕西瓜，首先要选形状规矩圆润、表皮光滑、无破损及疤痕、成熟度适中的西瓜。西瓜皮（白皮部分）应厚些，这样花瓣红白渐变效果好，不易爆裂。西瓜过生过熟都不好，过生，瓜瓤不红；过熟，瓜瓤变软出水，不利于雕刻，也不好看。

雕西瓜灯，最好选椭圆形且重量在15斤以上的西瓜，这样便于雕套环。

另外，除了西瓜，也可以用其他水果雕花，如苹果、哈密瓜、木瓜、网纹瓜、黄河蜜瓜、伊丽莎白瓜、火龙果等，雕法都是一样的。

香皂雕刻也是很流行的，其雕刻方法与西瓜雕一样，且能够长期保存，香气怡人，适合作馈赠礼品，所以受到很多人的喜爱。

4. 西瓜雕的工具

雕西瓜花的主要工具见图1。

图中左边的木柄雕刻刀就是普通的食品雕刻刀（手刀），材质硬、锋利，可以用来削皮、雕花瓣、剔废料等，中间的圆柄雕刻刀是泰国雕刻刀，刀刃短、薄、柔软、锋利，适合于雕精细的花瓣、叶子、曲线图案，适合抖刀技法。这两种刀也适合雕其他物件，如苹果、哈密瓜、木瓜、香皂等。

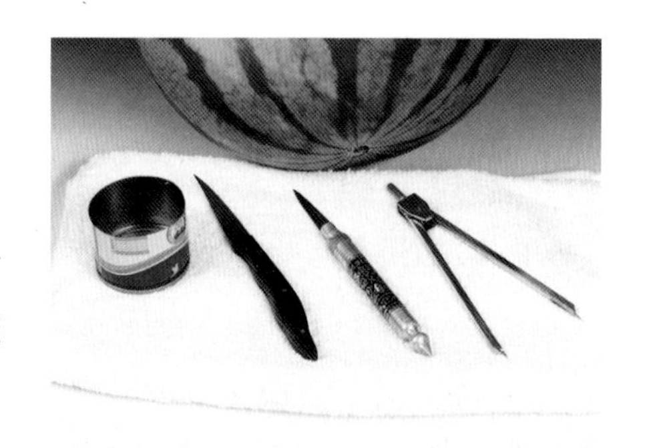

图1 • 雕西瓜花常用工具

雕西瓜灯、西瓜盅的常用工具见图2。

图中从左到右依次是：雕刻刀、圆规、小号U形戳刀、中号U形戳刀、瓜灯套环刀、V形戳刀。用法如下：

雕刻刀，用于雕花、剔废料、削皮、切割、浮雕精细图案；

圆规，在西瓜表面上画圆，将西瓜的侧面等分；

小号U形戳刀，在西瓜表面刻线、挖孔；

中号U形戳刀，挖孔、揭盖；

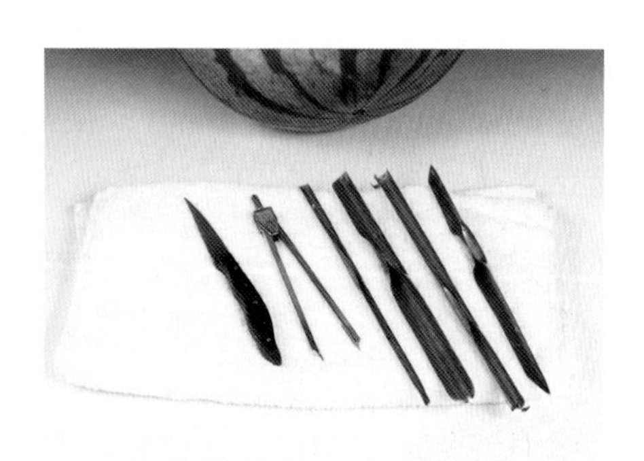

图2 • 雕西瓜灯、西瓜盅常用工具

瓜灯套环刀，这是一种很特殊很重要的刀具，主要用来雕西瓜灯上的各种套环，具体用法见图9，另外，也可以用这种刀刻西瓜表面的线条图案（目的是使线条粗细均匀）；

V形戳刀，刻线条图案、揭盖等。

有时，可备一个蛋糕裱花用的小转台，在上面雕西瓜花、西瓜灯时会很方便，见图3。

图3 • 小转台

5. 常见的握刀方法

① 笔式握刀正手，见图4，刀向内运动，用于雕花瓣、剔废料；

② 笔式握刀反手，见图5，刀向外运动，用于雕花瓣、剔废料；

③ 横握刀正手，见图6，刀向内运动，大拇指抵住原料，用于雕花瓣、剔废料；

④ 横握刀反手，见图7，刀向外运动，主要用于削皮和切原料；

⑤ 笔式握戳刀，见图8，主要用于雕刻花边图案；

⑥ 握套环刀（挑环刀），见图9，将刀前端的小钩嵌入瓜皮，然后向前推进，从而戳出套环。

图4 • 笔式握刀正手

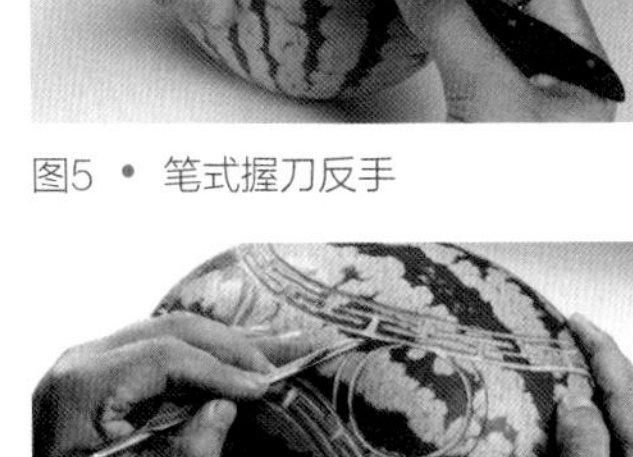

图5 • 笔式握刀反手

图6 • 横握刀正手

图7 • 横握刀反手

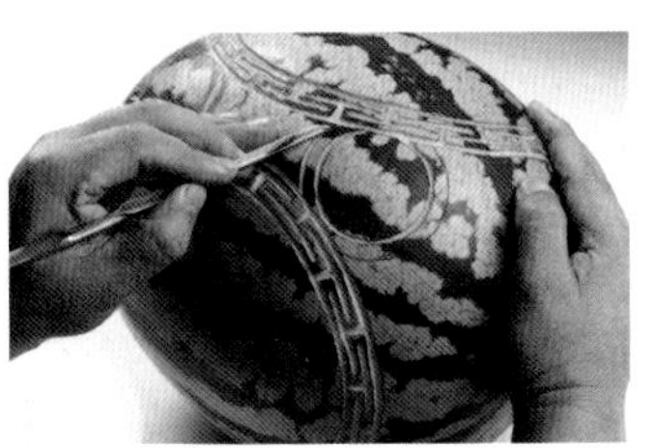

图8 • 笔式握戳刀

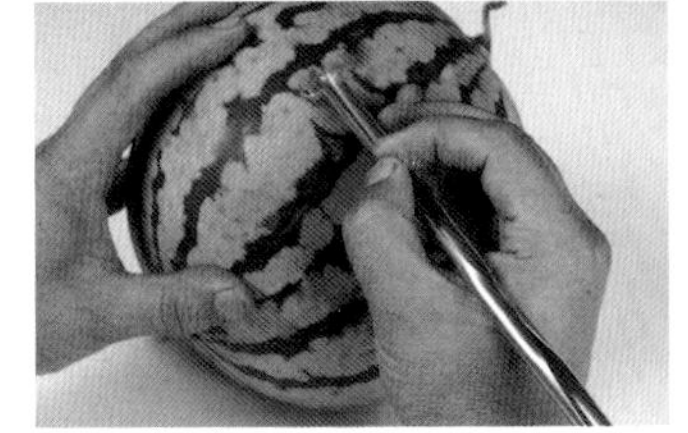

图9 • 套环刀（挑环刀）握法

6. 常见刀法简介

本书正文中，最常见到“直刀”“斜刀”刀法，这是从雕刻过程中刀刃与西瓜表面所形成的角度而言的。

① 直刀，刀尖插入西瓜后，刀刃与西瓜表面呈垂直状态运行的刀法，见图10；

② 斜刀，刀尖插入西瓜后，刀刃与西瓜表面呈一定角度运行的刀法，见图11；

③ 平刀，刀刃平贴着西瓜皮运行的刀法，见图12；

④ 波浪刀，刀尖左右摆动呈波浪状运行的刀法，见图13；

⑤ 旋刀，刀尖插入西瓜后旋转刀尖一周（或旋转西瓜一周）的刀法，见图14；

⑥ 抖刀，刀尖在运行过程中快速抖动，形成小锯齿状的刀法，见图15；

⑦ 瓜灯套环挑法，刀柄前端的刀钩嵌入瓜皮中，向前推动一段距离后在旁边再推转回来的刀法，见图16；

⑧ 外翻刀，在花瓣外侧用旋刀的方法将花瓣雕成外翻状态的刀法，见图17；

⑨ 表面戳刀法，用U形戳刀或V形戳刀或瓜灯套环刀（挑环刀）在西瓜表面戳出各种花纹图案的刀法，见图18；

⑩ 垂直戳刀法，用U形戳刀或V形戳刀垂直将瓜皮切开切断，或在瓜皮表面戳出圆孔、方孔、三角孔的刀法，见图19。

图10 • 直刀

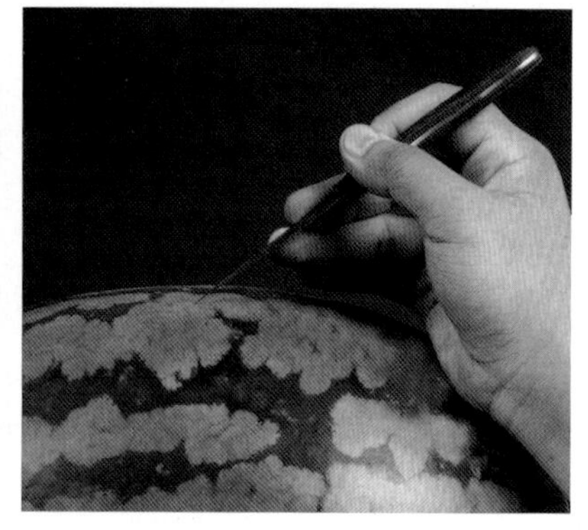
图11 • 斜刀

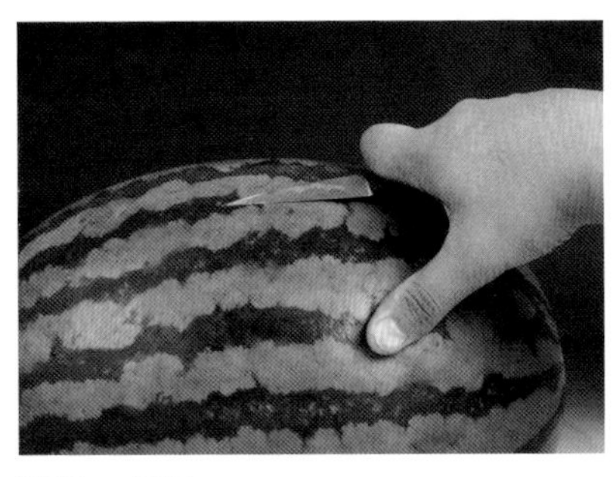
图12 • 平刀

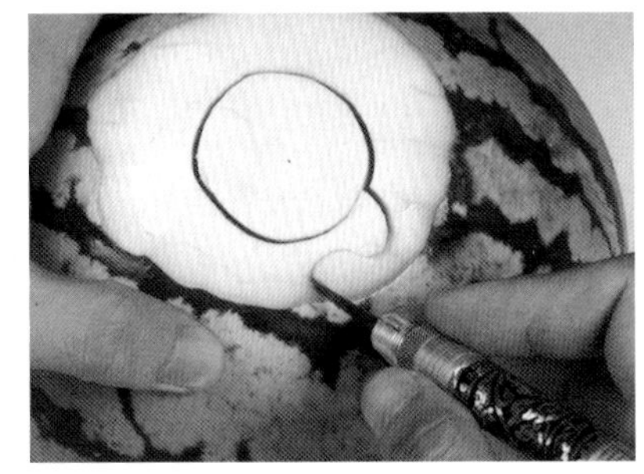
图13 • 波浪刀

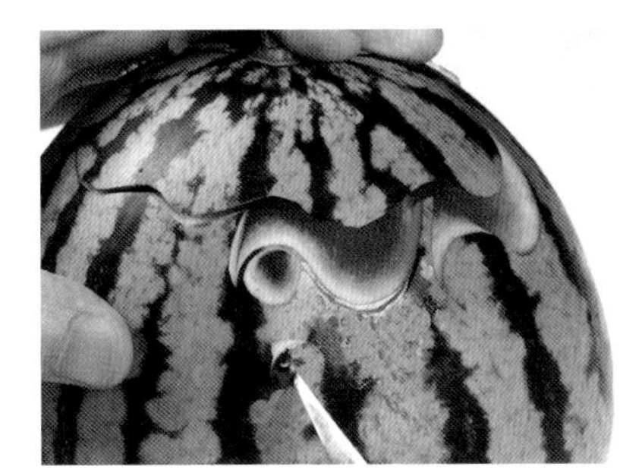
图14 • 旋刀

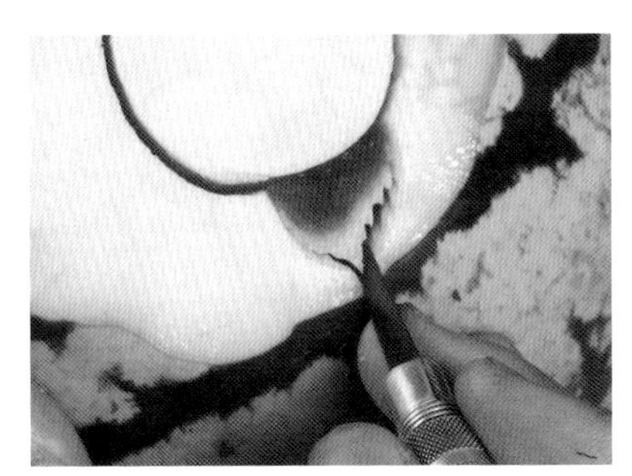
图15 • 抖刀

图16 • 瓜灯套环挑法

图17 • 外翻刀

图18 • 表面戳刀法

图19 • 垂直戳刀法

7. 常见叶片及配饰物的种类和雕法

① 单层叶，见图20，即只有一层叶片，叶的边缘可以是光滑的，也可以是齿状的。具体雕法见图21。

② 双层叶，见图22，即雕完一层叶后再雕一层叶，使作品更有层次、更丰富。具体雕法见图23。

③ 竹笋叶，见图24，左右交替雕出重叠的叶片，形状像竹笋，也像花蕾，所以也叫花蕾叶。具体雕法见图25。

图20 • 单层叶

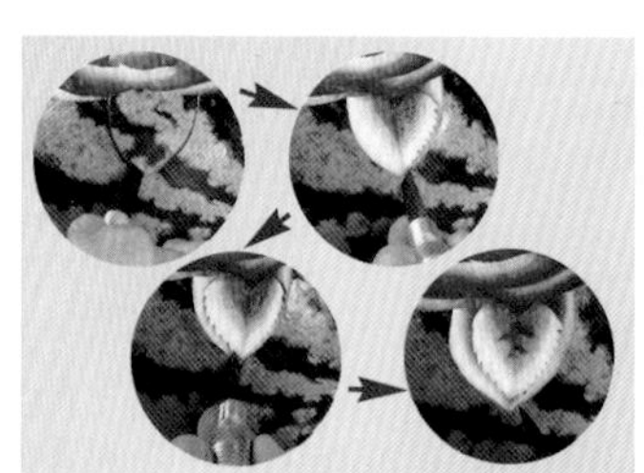

图21 • 单层叶的雕法

图22 • 双层叶

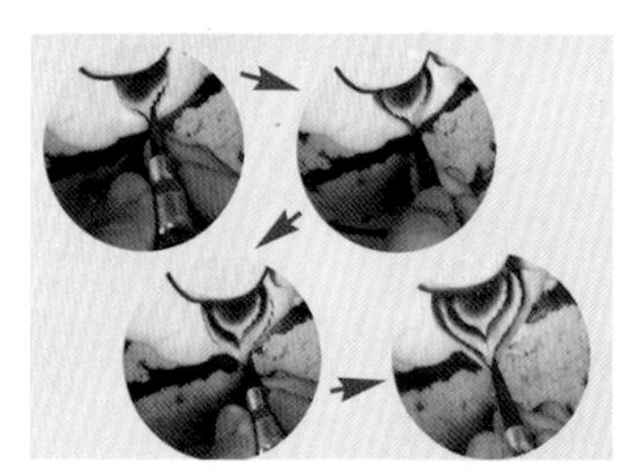

图23 • 双层叶的雕法

图24 • 竹笋叶

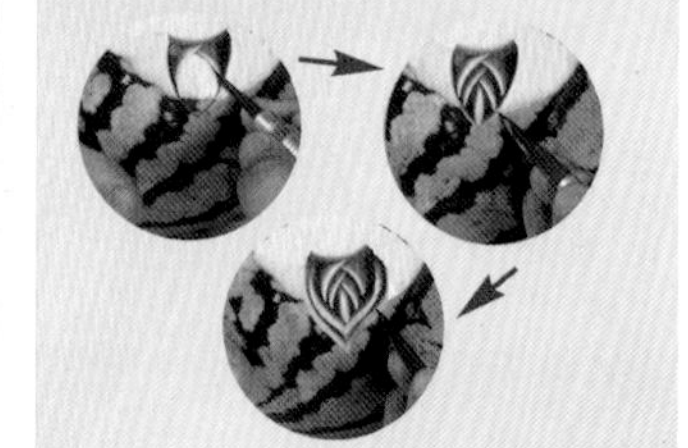

图25 • 竹笋叶的雕法

④ 心形图案，见图26，心形图案在西瓜雕中应用很广，其雕法有多种，比如用U形戳刀、用心形模具。这里介绍用手刀雕的方法，比较灵活方便，具体雕法见图27。

⑤ 单波浪纹，见图28，可多个重复连接，多用于做装饰。

图26 • 心形图案

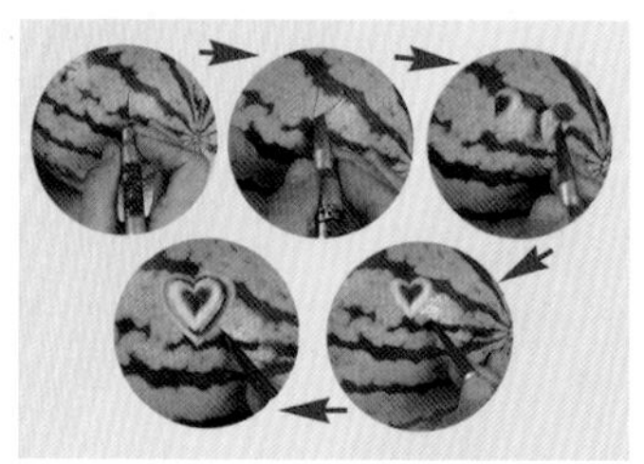

图27 • 心形图案的雕法

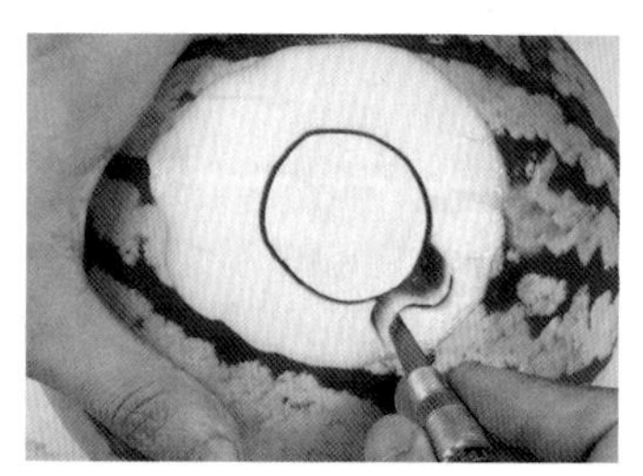

图28 • 单波浪纹

⑥ 双波浪纹，见图29，可多个重复连接，用于装饰。

⑦ 无齿叶，见图30，边缘光滑无齿，雕刻速度较快。

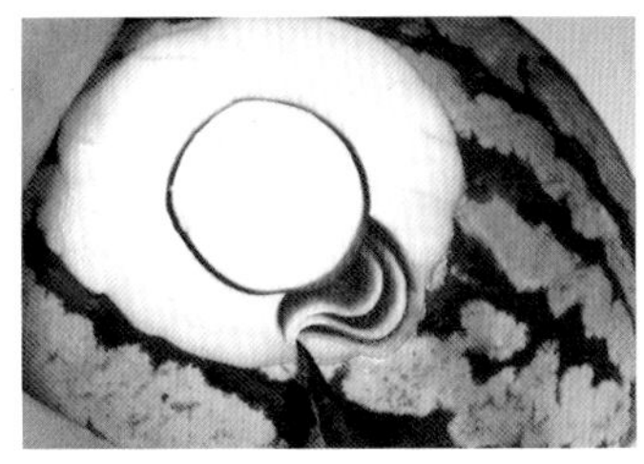

图29 • 双波浪纹

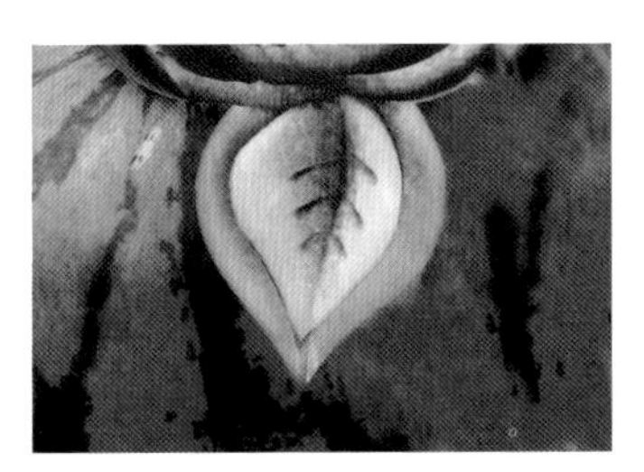

图30 • 无齿叶

⑧ 小齿叶，见图31，用抖刀法使叶片边缘带有小齿，细腻美观。

⑨ 大齿叶，见图32，用抖刀法使叶片边缘带有大齿。

⑩ 瓜叶，见图33，三片小叶连接在一起的大叶。

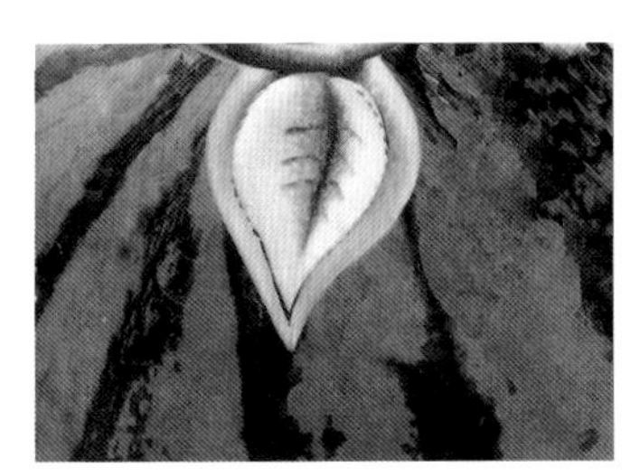

图31 • 小齿叶

图32 • 大齿叶

图33 • 瓜叶

⑪ 带筋瓜叶，见图34，叶片中间留一条瓜皮筋脉。

⑫ 剑柄叶，见图35，叶片的尖梢部分带有装饰图案。

⑬ 卷兰叶，见图36，叶片的形状像卷曲的兰花叶。

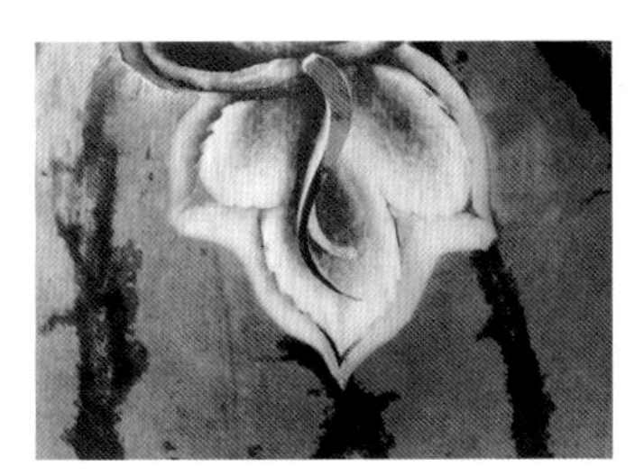

图34 • 带筋瓜叶

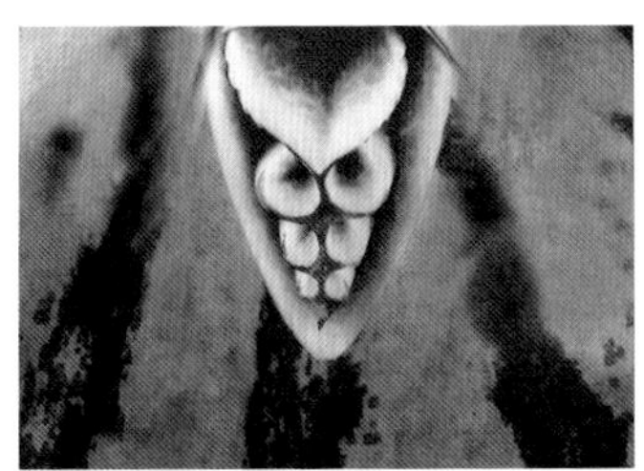

图35 • 剑柄叶

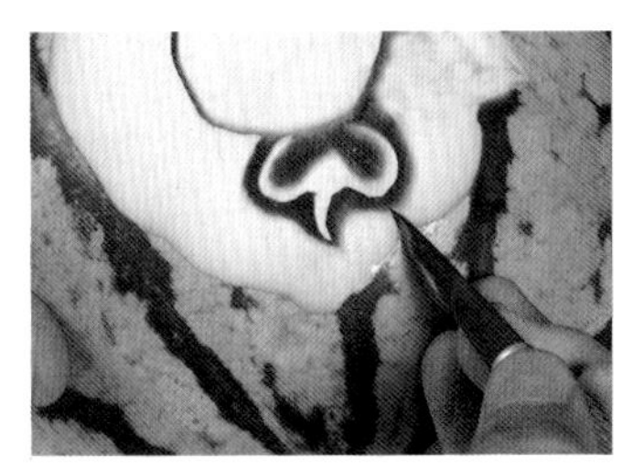

图36 • 卷兰叶

8. 基础西瓜花的雕法

玫瑰花的雕法

第一步　削下一部分西瓜皮。

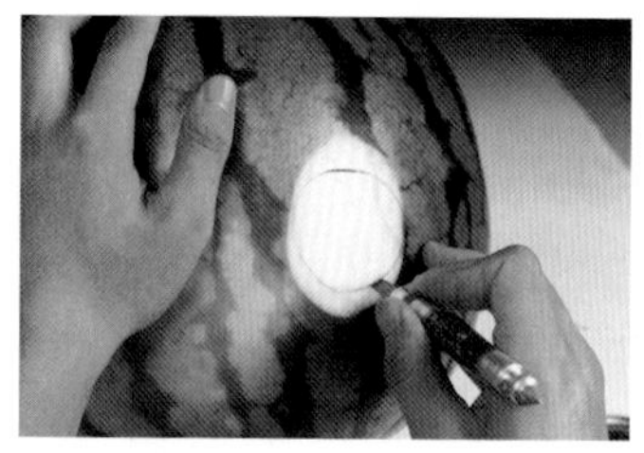
第二步　用圆规或模具画出圆形，然后用刀雕出圆形。

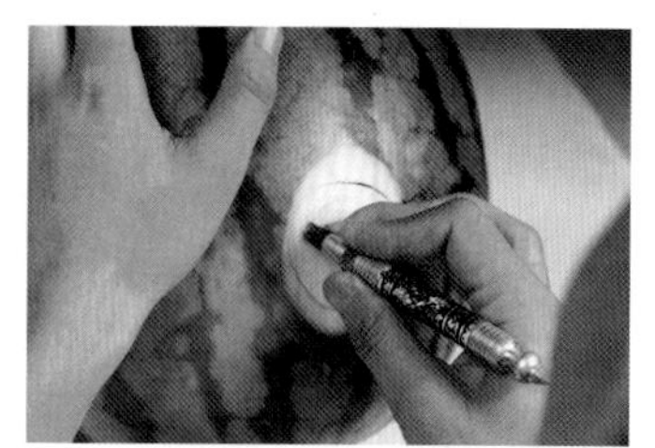
第三步　斜刀剔下一块月牙形废料。

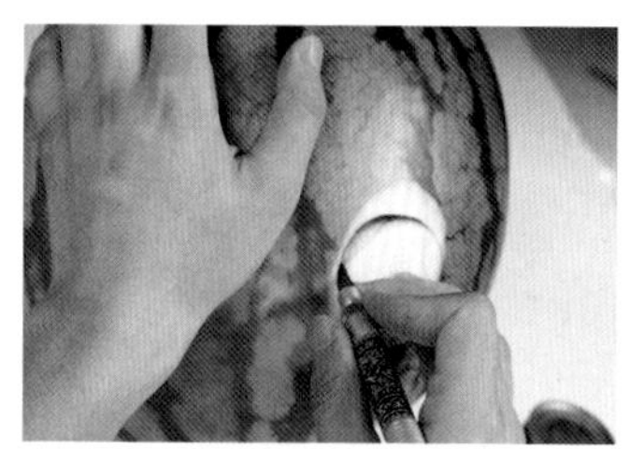
第四步　直刀雕出一片花瓣。

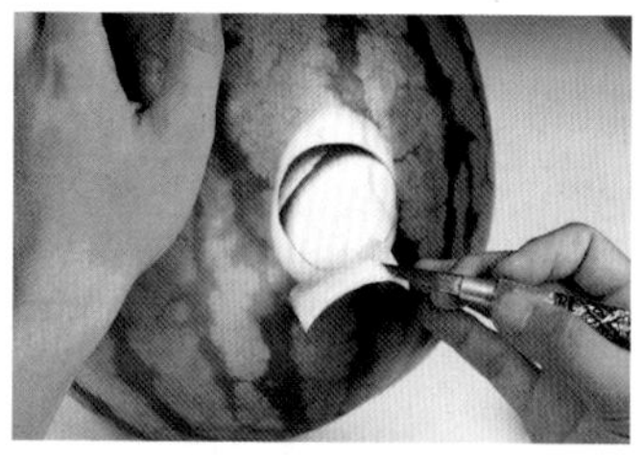
第五步　斜刀剔下花瓣里边的一点废料，使花瓣突出。

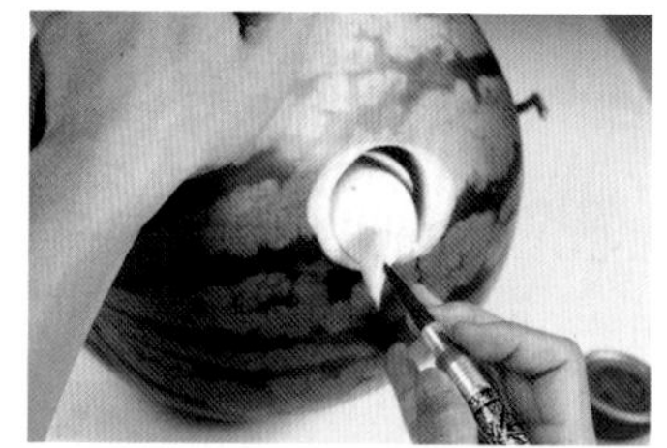
第六步　再斜刀雕下与花瓣相邻的一块原料。

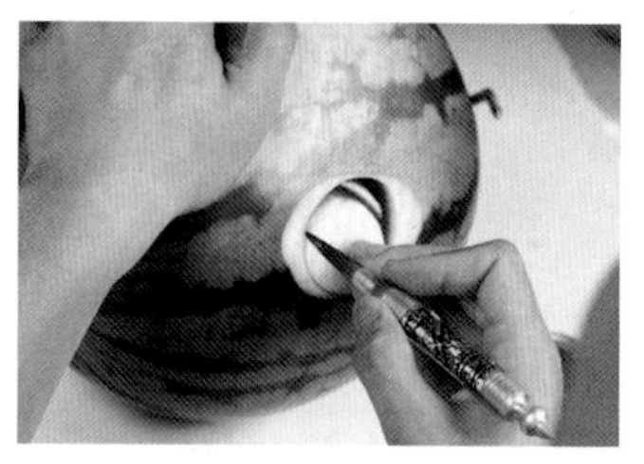
第七步　直刀雕出第二片花瓣（与前一片花瓣略有重叠）。

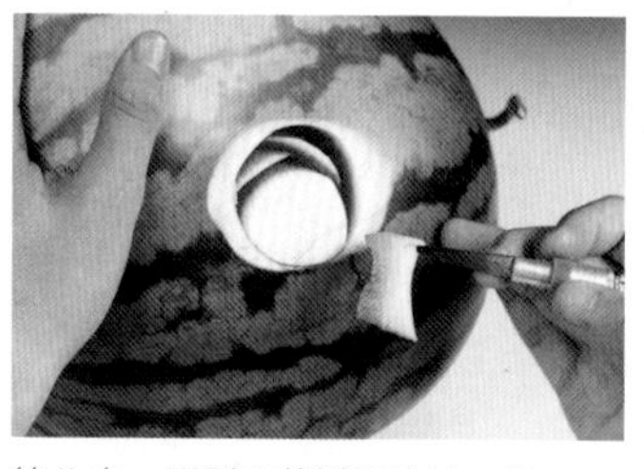
第八步　再剔下花瓣旁边的一条废料。

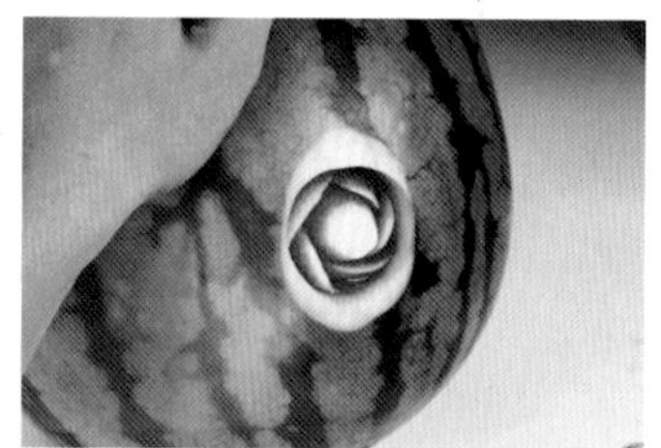
第九步　如此重复雕出第一圈五片花瓣。

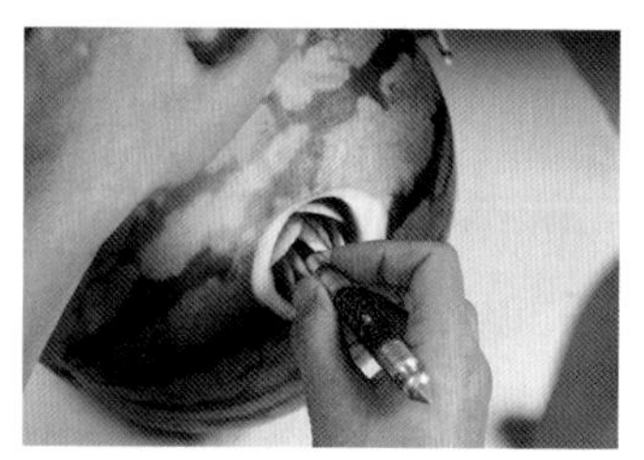
第十步　直刀雕出第二圈第一片花瓣。

第十一步　雕出第二圈花瓣（四瓣、五瓣均可）。

第十二步　最后雕出两三片花瓣收心即可。

波浪玫瑰花的雕法

第一步　西瓜削皮，画圆，然后直刀雕出这个圆。

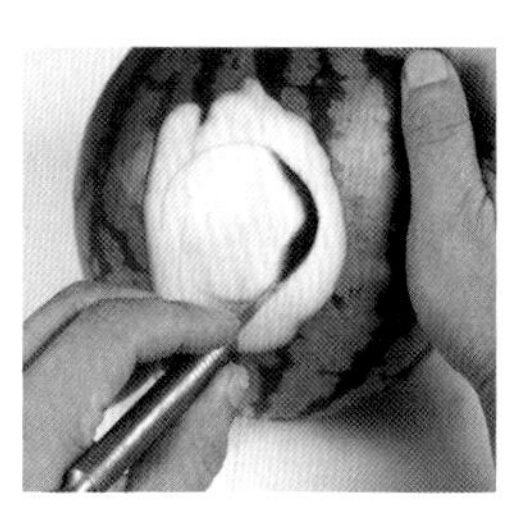

第二步　在圆内斜刀雕下一波浪形的废料。

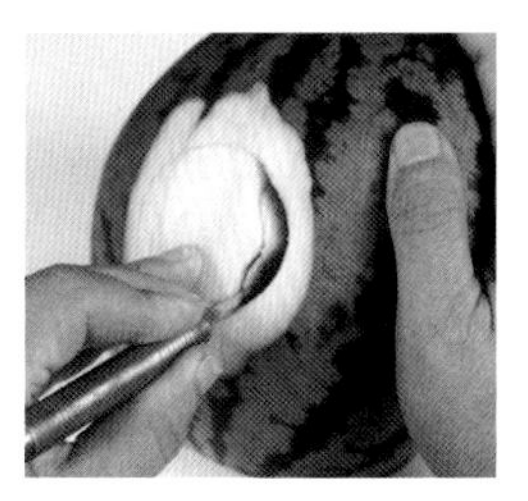

第三步　直刀雕出波浪形花瓣。

第四步　剔下花瓣里边的一条废料，使花瓣突出。

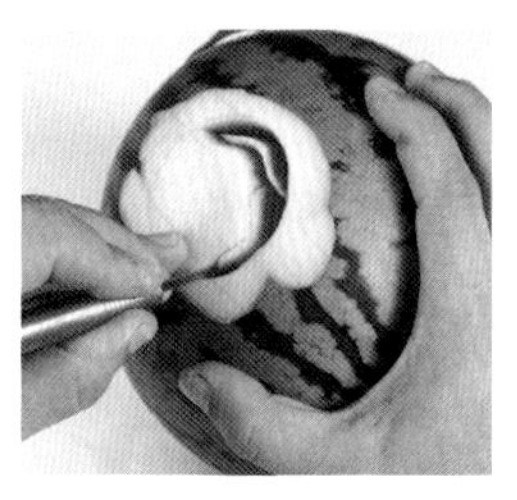

第五步　斜刀雕下相邻的原料，雕出第二片花瓣。

第六步　斜刀剔下废料。

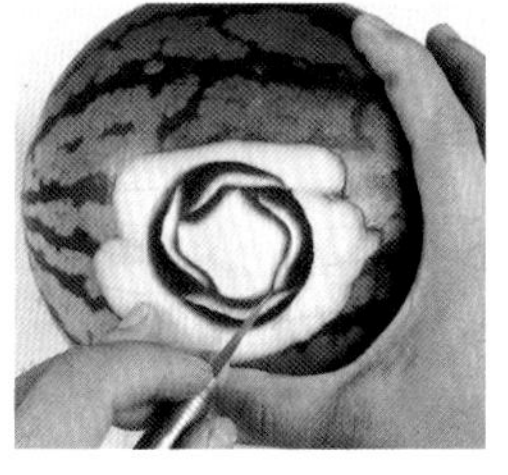

第七步　如此重复雕出第一圈四片花瓣。

第八步　雕出第二圈第一片花瓣。

第九步　雕出第二圈第二片花瓣。

第十步　雕出第三片、第四片花瓣，直至收心。

第十一步　完成。

月季花的雕法

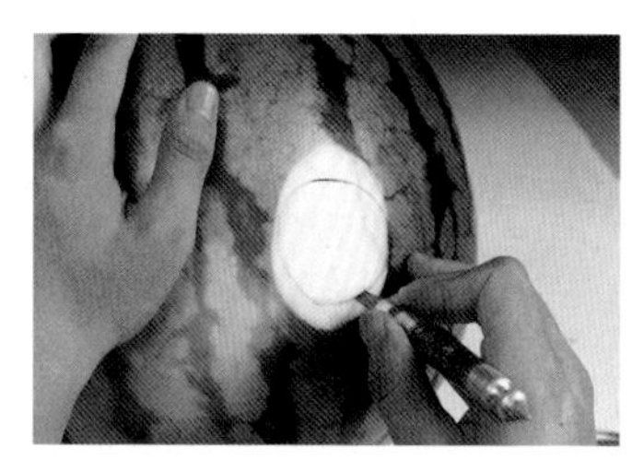

第一步　削下一部分西瓜皮，用圆规或模具画出圆形，然后用刀雕出圆形。

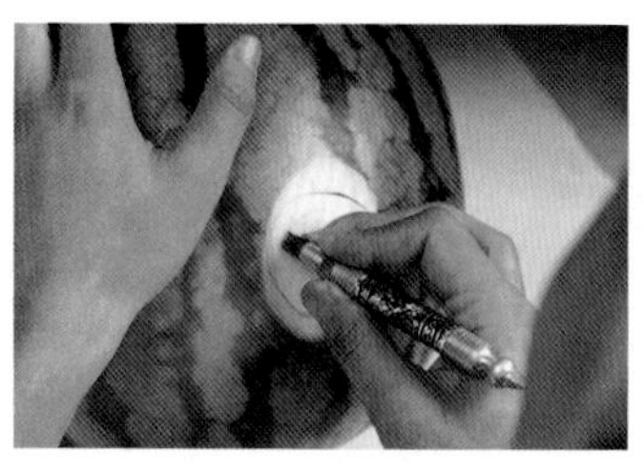

第二步　斜刀剔下一块月牙形废料。

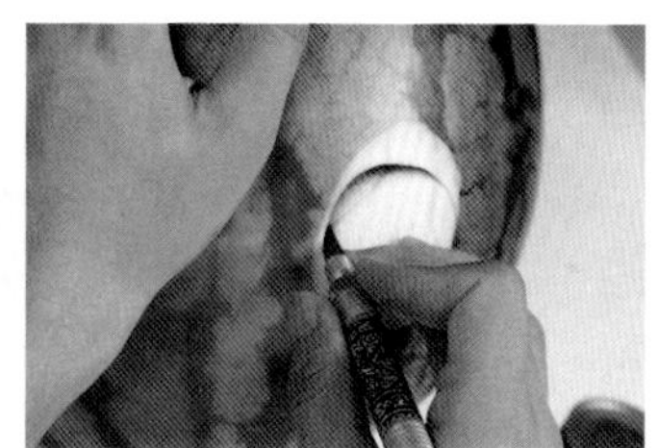

第三步　直刀雕出一片花瓣。

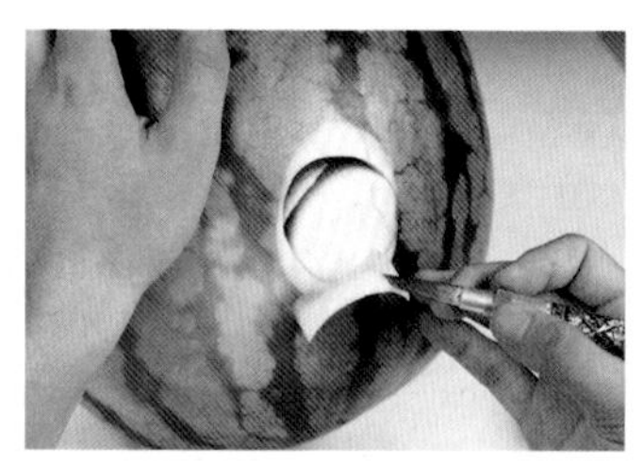

第四步　斜刀剔下花瓣里边的一点废料，使花瓣突出。

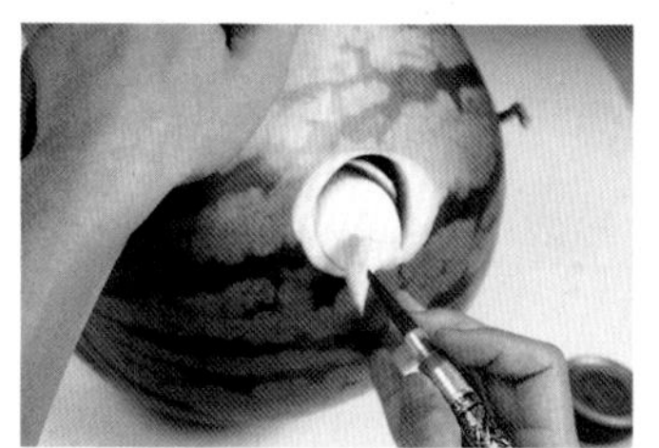

第五步　再斜刀雕下与花瓣相邻的一块原料。

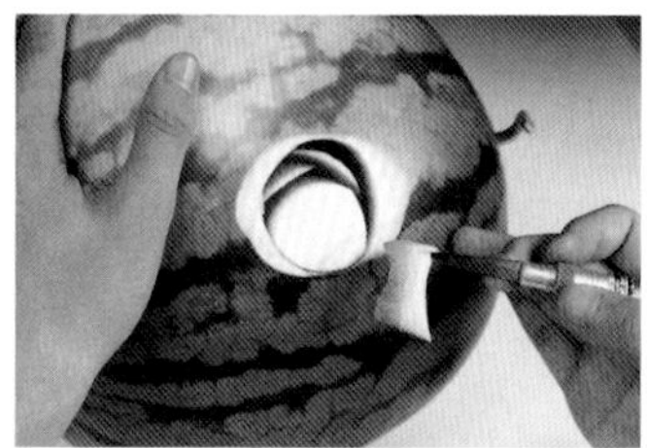

第六步　直刀雕出花瓣，剔下废料。

第七步　如此重复雕出第一圈五片花瓣。

第八步　再雕出第二圈花瓣，直至收心。

第九步　斜刀向外剔一块废料，直刀雕出圆形花瓣。

第十步　剔去花瓣后面的废料。

第十一步　如此雕出第二圈五片花瓣。

第十二步　剔下花瓣后面的一圈废料即可。

山茶花的雕法

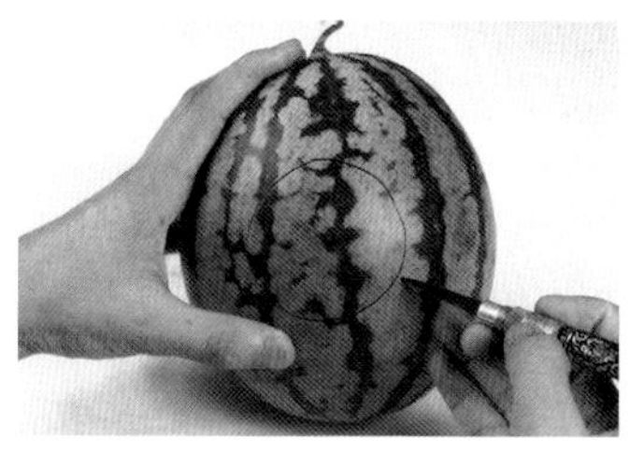

第一步　在西瓜表面画圆，然后直刀雕出这个圆。

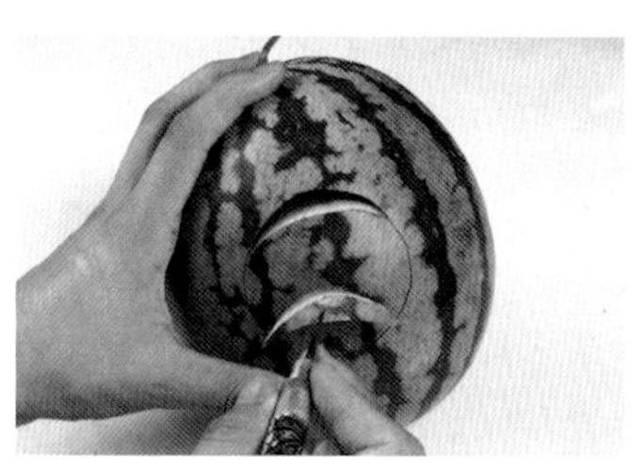

第二步　斜刀雕下一月牙形废料。

第三步　直刀雕出略尖形花瓣。

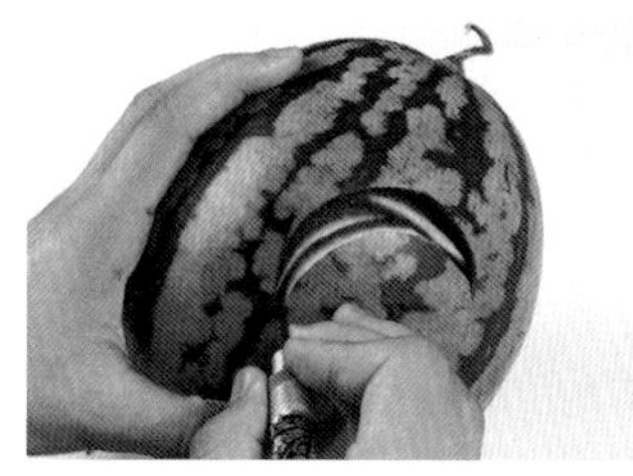

第四步　斜刀剔下相邻的一块废料，直刀雕出第二片花瓣。

第五步　如此雕出第一圈五片花瓣。

第六步　再雕出第二圈花瓣。

第七步　直至收心。

第八步　斜刀向外雕出一块原料。

第九步　直刀雕出略尖形花瓣。

第十步　向外再雕出一圈花瓣。

第十一步　剔去花瓣后面的废料。

第十二步　雕一圈叶子即可。

牡丹花的雕法

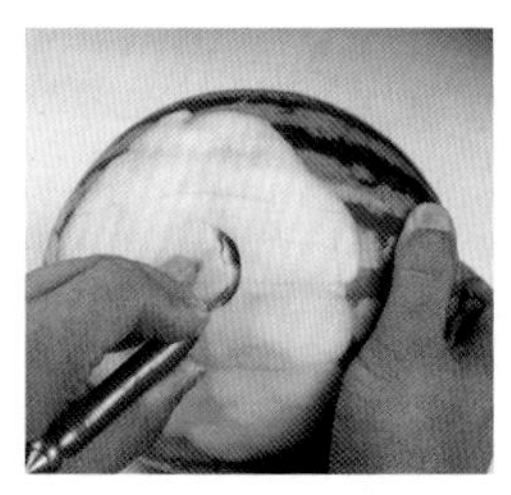

第一步　削瓜皮，画两个同心圆，在小圆内先斜刀剔下一月牙形原料，然后直刀雕出一齿状花瓣。

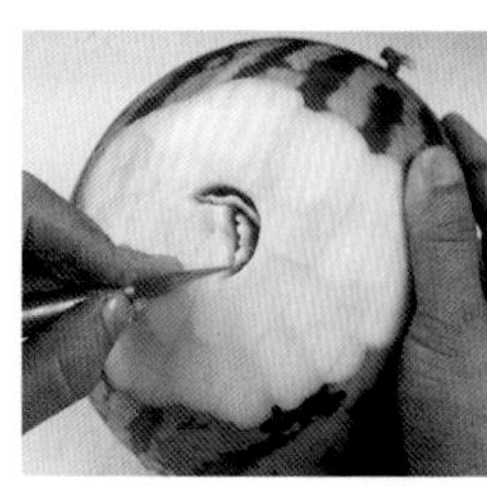

第二步　在相邻位置上雕出第二片齿状波浪形花瓣。

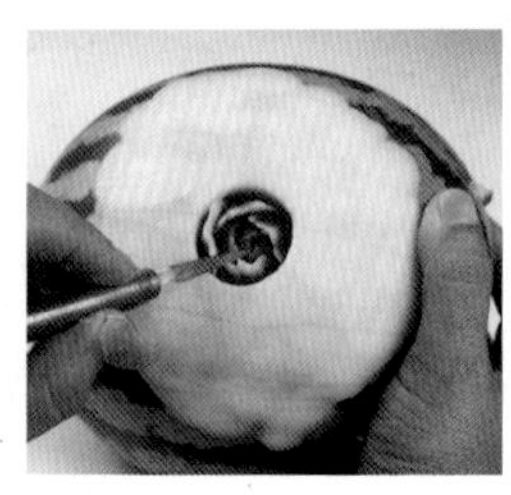

第三步　如此重复，直至雕出花心。

第四步　向外斜刀雕出波浪形废料。

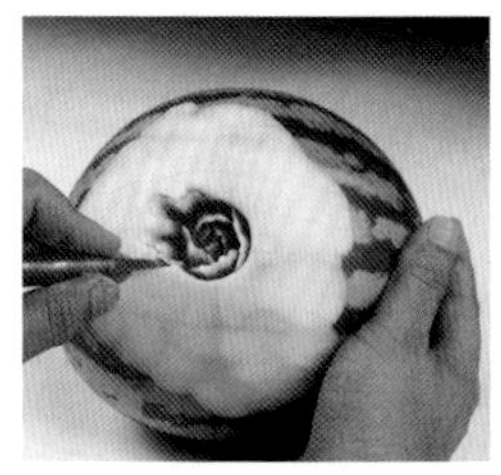

第五步　直刀抖刀雕出花瓣。

第六步　雕出下一片花瓣。

第七步　如此重复雕出一圈花瓣。

第八步　雕出下一圈波浪形原料。

第九步　再雕出齿状花瓣。

第十步　如此重复向外雕出两至三圈花瓣。

第十一步　剔去花瓣后面的废料即可（也可雕出一圈叶子）。

外翻玫瑰的雕法

第一步　西瓜削皮，画圆，然后直刀雕出这个圆。

第二步　直刀雕出一片花瓣，斜刀剔下一点废料。

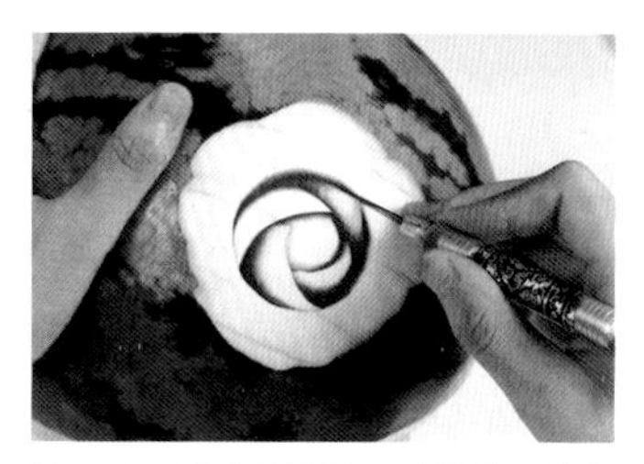

第三步　雕出重叠的四片花瓣，将花瓣的两端削尖，使花瓣呈枣核形。

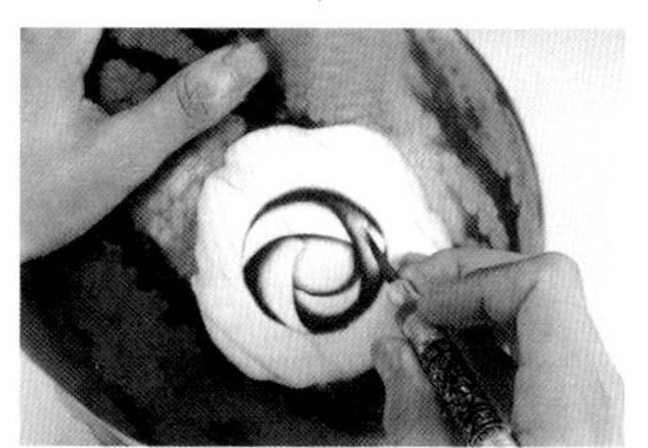

第四步　从花瓣的外侧一端旋刀雕出外翻的花瓣一侧。

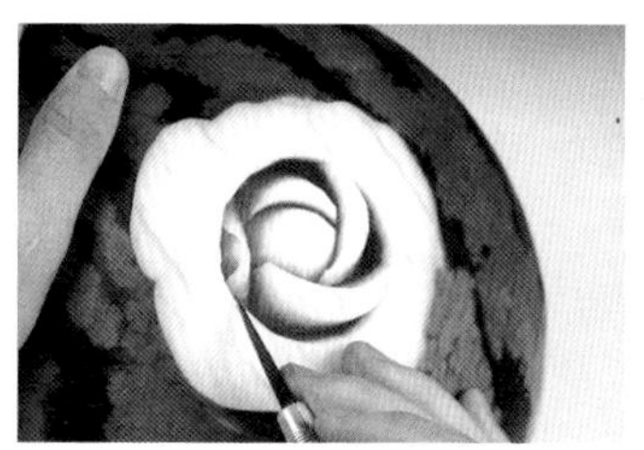

第五步　旋转西瓜，雕出花瓣的另一侧外翻形状。

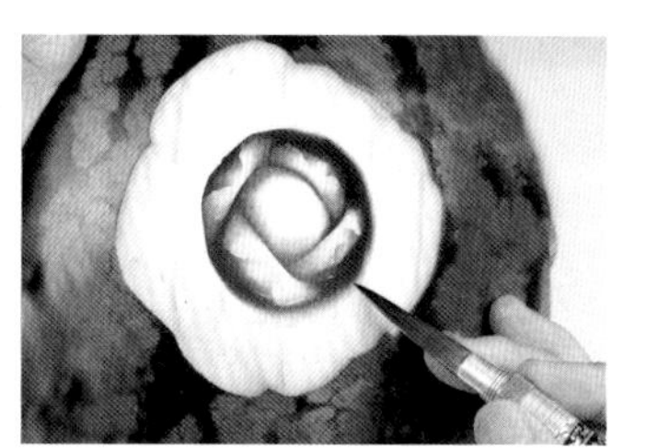

第六步　雕出此层花瓣。

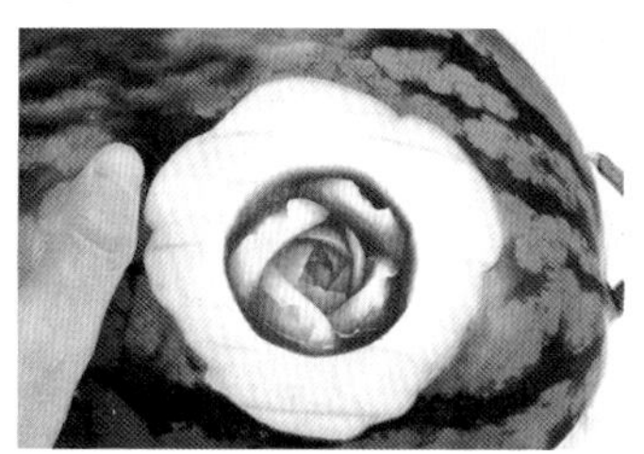

第七步　雕出花心。

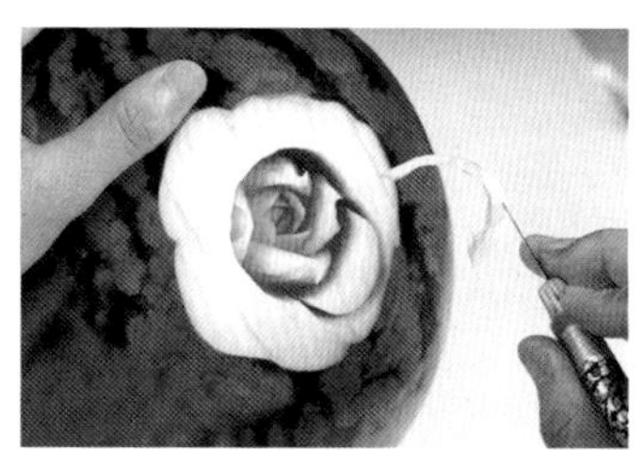

第八步　向外雕出一个花瓣。

第九步　将花瓣两端修尖。

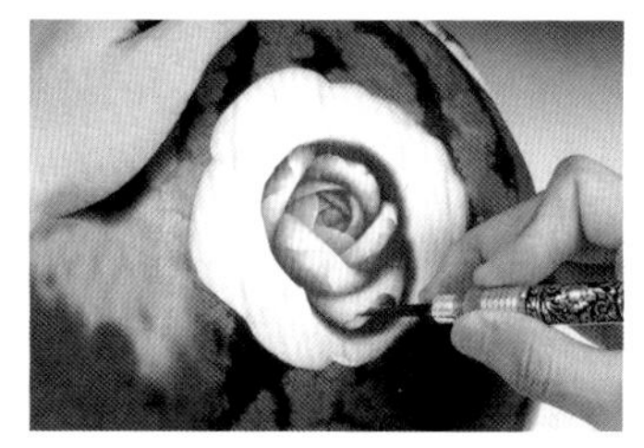

第十步　旋刀雕出外翻的花瓣。

第十一步　雕出这一层外翻花瓣（五瓣、六瓣均可）。

第十二步　剔去花瓣后面的一圈废料即可。

太阳花的雕法

第一步　用圆规在瓜表面画圆，直刀雕出一圈，然后斜刀向内雕出一圈废料。

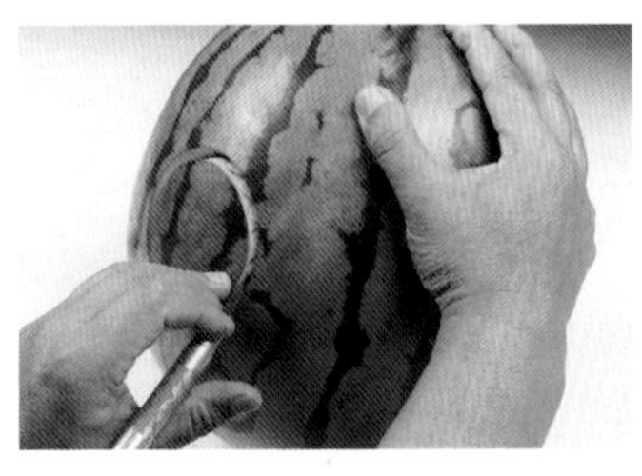

第二步　在斜面上直刀雕出一圈小花瓣。

第三步　向内斜刀剔去废料。

第四步　再直刀雕出第二圈小花瓣。

第五步　斜刀剔废料。

第六步　将花心部分雕成凸起的小山形状。

第七步　雕出放射状线条。

第八步　向外雕出八瓣圆花瓣。

第九步　雕出一片尖形花瓣。

第十步　再雕出一圈尖花瓣。

第十一步　向外再雕出一圈花瓣。

第十二步　完成。

奥斯汀玫瑰的雕法

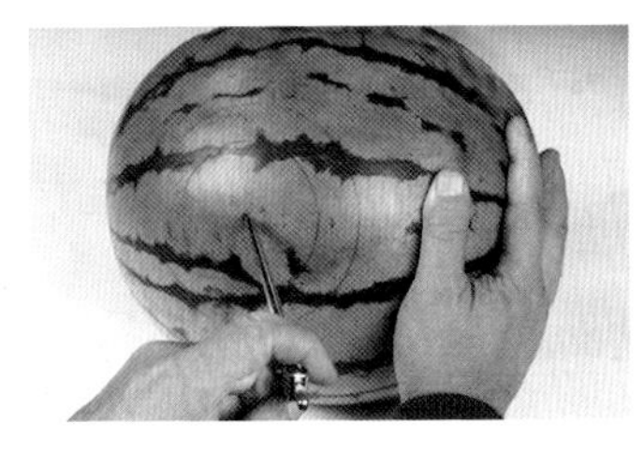

第一步　用圆规在西瓜表面画两个同心圆。

第二步　将小圆中的瓜皮削去，然后雕出六角形花心。

第三步　雕出重叠的水滴形花心。

第四步　雕出完整花心。

第五步　从花心边缘向外斜刀削废料，直刀雕出一片花瓣。

第六步　雕去花瓣后面的原料。

第七步　如此重复雕出第一层五片花瓣。

第八步　再雕出第二层五片花瓣。

第九步　再雕出第三层五片花瓣。

第十步　雕出五片尖形叶。

第十一步　再雕出五片圆形叶即可。

第十二步　完成。

年轮花的雕法

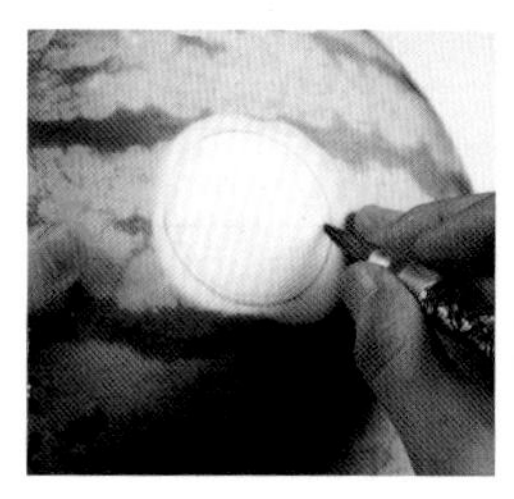

第一步　削下一块瓜皮，画出圆形，雕出圆形，然后向里雕出一浅圆。

第二步　削去中间一层原料。

第三步　再雕出一圆形。

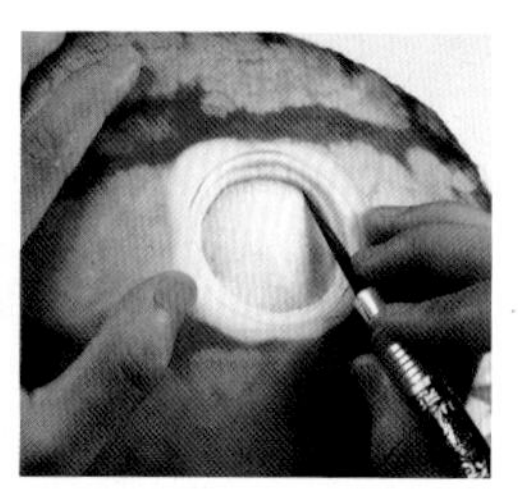

第四步　再削去一层原料。

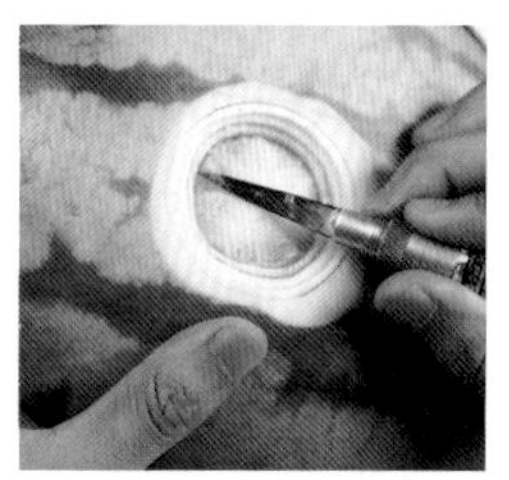

第五步　如此重复，削去第三层、第四层原料。

第六步　直至收心。

第七步　向外雕出一圆形花瓣。

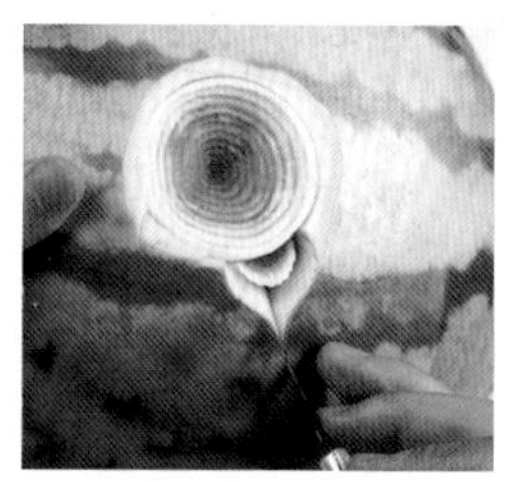

第八步　再雕出一尖形花瓣。

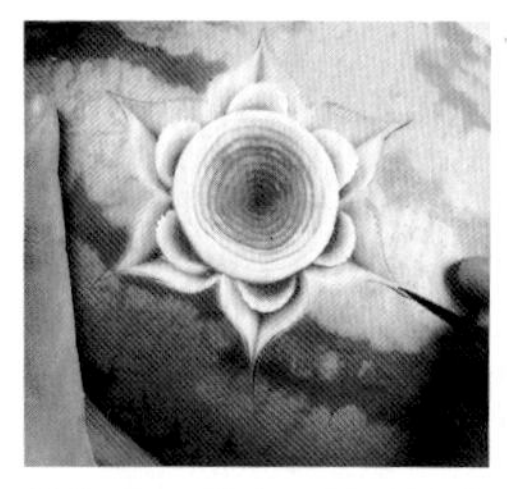

第九步　雕出一圈六片花瓣。

第十步　再向外雕出一层花瓣。

第十一步　剔去花瓣下面的废料即可。

第二部分

西瓜雕教程

1. 红颜

第一步　西瓜削皮，用模具压出圆形。

第二步　直刀雕出圆，然后斜刀去一块废料，直刀雕出花瓣，再剔一条废料。

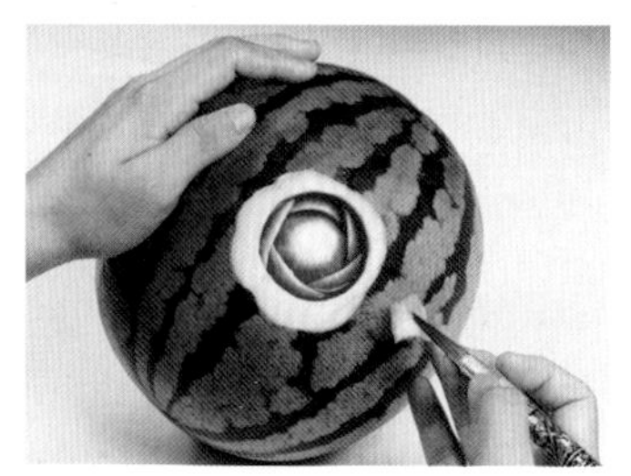

第三步　如此重复，雕出第一圈花瓣。

第四步　再雕出第二圈、第三圈花瓣，直至收心。

第五步　斜刀向外雕出一块原料。

第六步　直刀雕出圆形花瓣。

第七步　剔下一条废料。

第八步　雕出一圈花瓣后，再雕出V形槽口。

第九步　直刀雕出V形花瓣后，剔下废料。

第十步　再直刀雕出一层花瓣，剔废料。

第十一步　雕出两层尖形花瓣后再雕出一层尖形花瓣。

第十二步　雕出双层花瓣，剔出废料。

第十三步 如图削去西瓜皮。

第十四步 用模具压出心形。

第十五步 旋刀雕出红心。

第十六步 直刀雕出心形轮廓。

第十七步 剔废料。

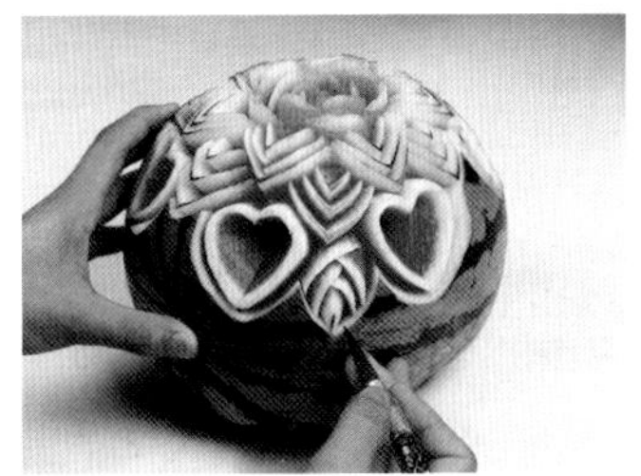

第十八步 在心形之间雕出竹笋叶。

第十九步 完成。

2. 燃情岁月

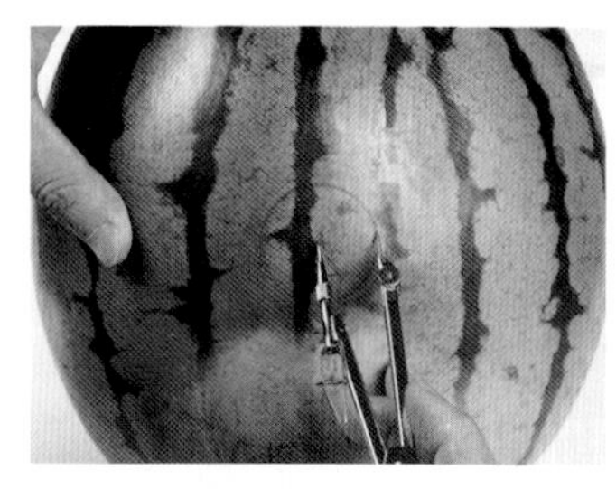

第一步　用圆规在西瓜表面画一个圆，然后直刀雕出这个圆（约1cm深）。

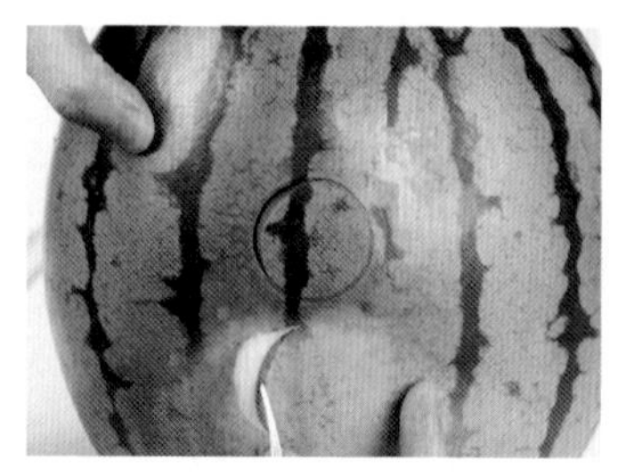

第二步　斜刀雕下一条废料。

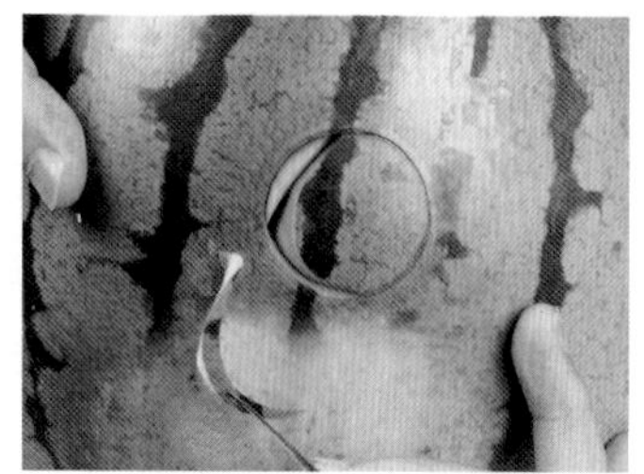

第三步　直刀雕出花瓣，然后斜刀雕下相邻的一条废料。

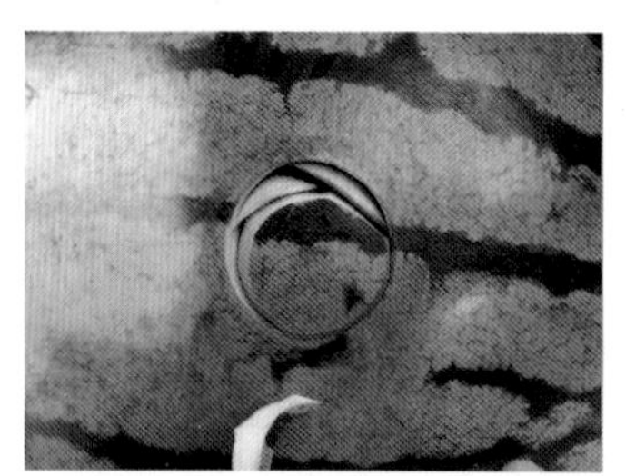

第四步　直刀雕出第二片花瓣。

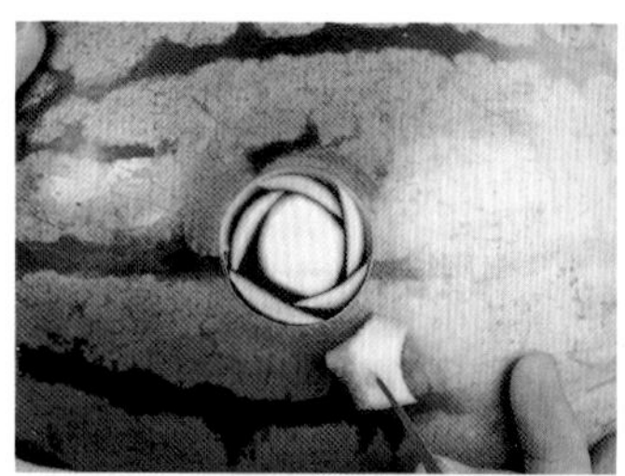

第五步　如此重复雕出一圈五片花瓣。

第六步　雕至花心。

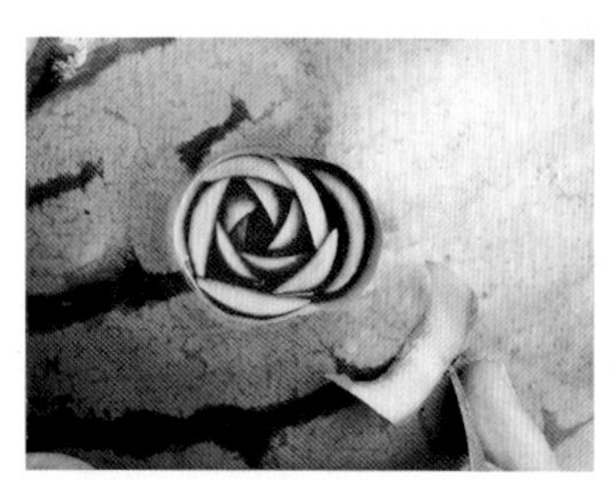

第七步　斜刀向外雕下一条废料，直刀雕出花瓣，再斜刀雕下一条废料。

第八步　在相邻位置上斜刀雕下一条废料，然后直刀雕出花瓣。

第九步　如此重复雕出一圈花瓣。

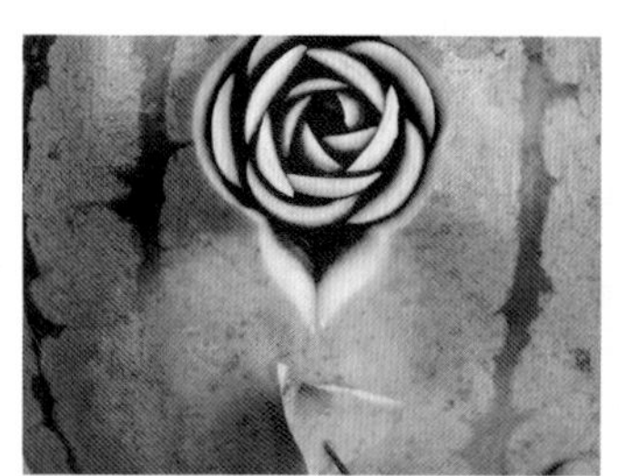

第十步　在花的外圈雕出V字形。

第十一步　抖刀雕出尖形叶子。

第十二步　雕出一圈六片叶子。

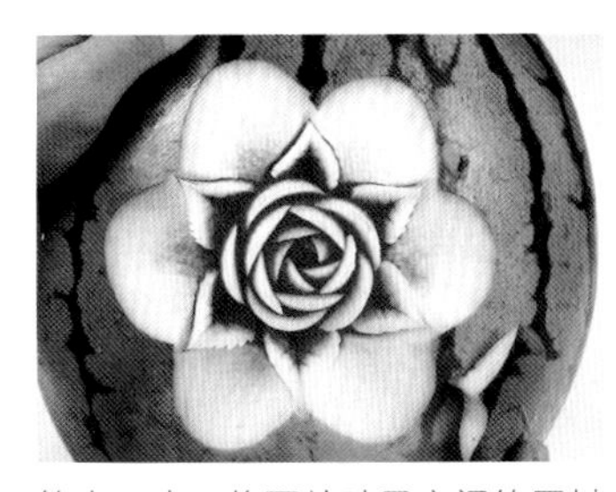

第十三步　将两片叶子之间的原料削平。

第十四步　在两片叶子之间雕出一朵玫瑰花。

第十五步　向外再雕出一圈花瓣。

第十六步　如此重复雕出六朵玫瑰花。、

第十七步　在两朵花之间雕出V字形。

第十八步　雕出一圈六个V字形，然后抖刀雕出六片叶子。

第十九步　在两片叶子之间再雕出V字形。

第二十步　再抖刀雕出叶子。

第二十一步　在两片叶子之间雕一朵玫瑰花。

第二十二步　共雕出十二朵玫瑰花。

第二十三步　再在两朵玫瑰之间雕出V字形。

第二十四步　再抖刀雕出叶子。

第二十五步　完成。

3. 富贵金钱花

第一步　用圆规在西瓜表面画一个大圆。

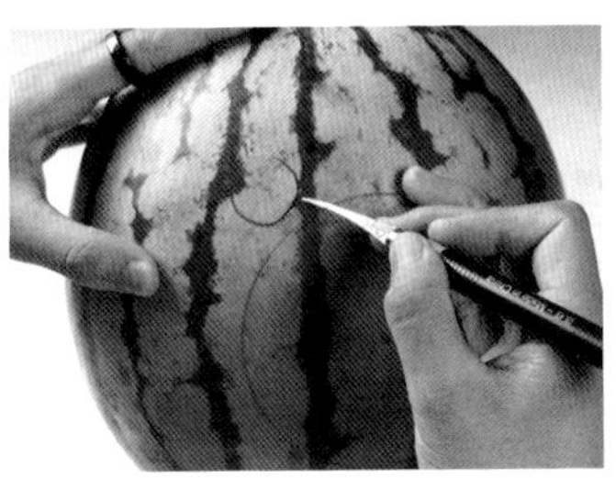

第二步　在大圆的旁边直刀雕出一个小圆。

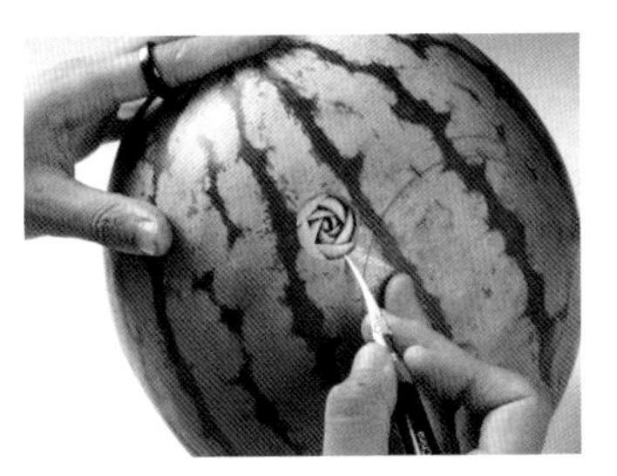

第三步　雕出一朵玫瑰花。

第四步　向外再雕出一圈五片花瓣。

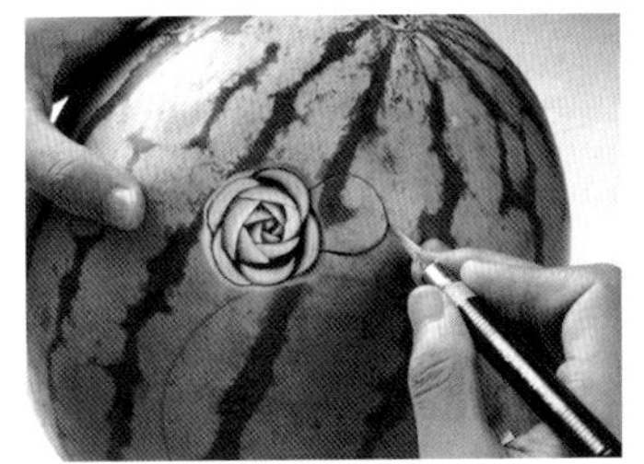

第五步　在花的旁边再直刀雕出一小圆。

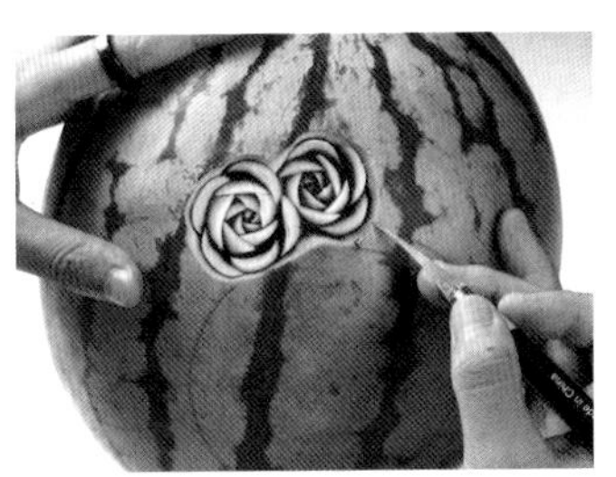

第六步　雕出另一朵玫瑰花。

第七步　在两朵花的外圈雕出五个小圆花瓣，然后雕去V形废料。

第八步　抖刀雕出V形叶子。

第九步　在V形叶中间雕下一U形废料。

第十步　雕出圆形花瓣。

第十一步　再雕出V形废料。

第十二步　抖刀雕出叶子后去一层废料。

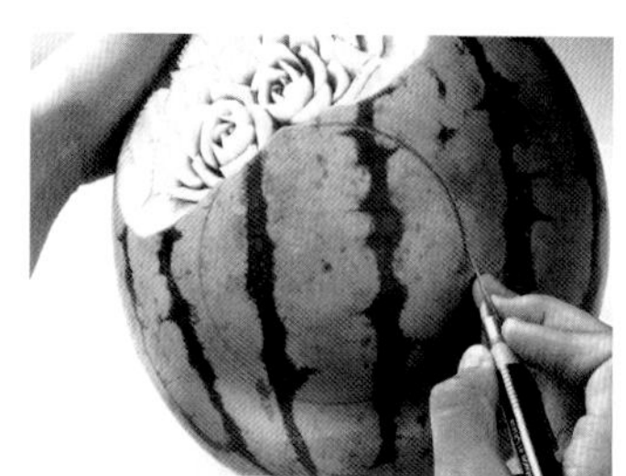

第十三步　直刀雕出大圆。

第十四步　将圆内瓜皮削去，略露出红瓤。

第十五步　直刀将瓜瓤划出方格。

第十六步　在每个横线中间雕出V字形。

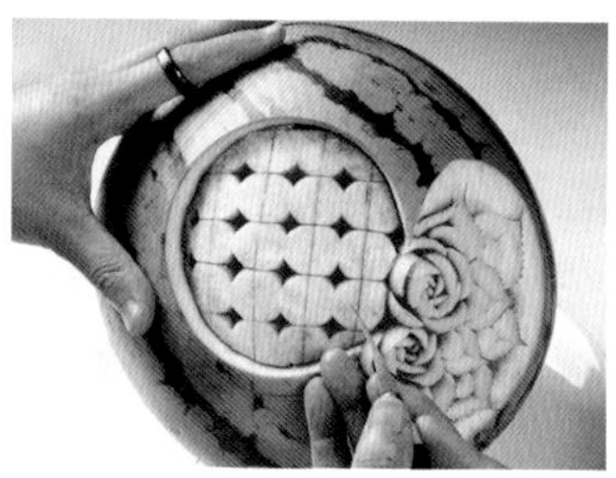

第十七步　将西瓜翻过来雕出另一侧的V字形。

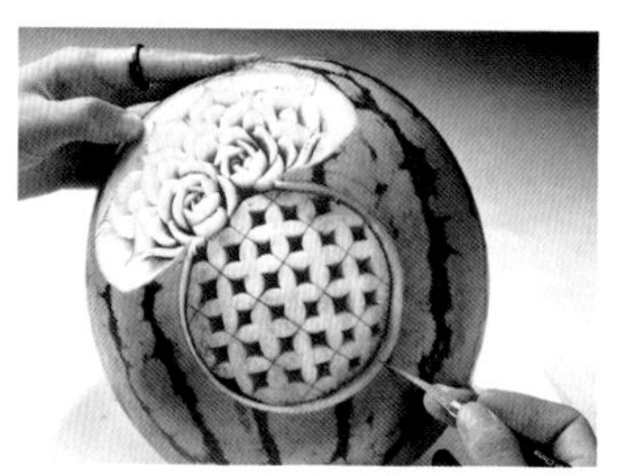

第十八步　在西瓜的竖线上也雕出这样的形状。

第十九步　雕出金钱的形状。

第二十步　在花和金钱图案之间雕下一块废料。

第二十一步　抖刀雕出一片叶子。

第二十二步　雕出一圈这样的叶子。

第二十三步　剔去 一圈废料。

第二十四步　雕出一V字形。

第二十五步　雕出一波浪卷。

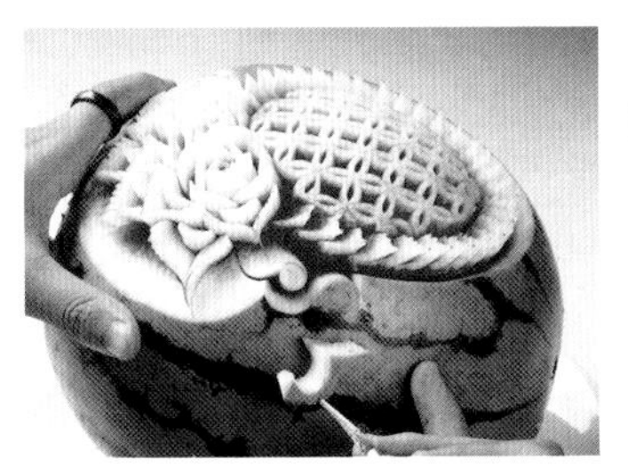

第二十六步　在波浪卷的右侧再剔下一波浪形废料。

第二十七步　雕出一圈波浪卷。

第二十八步　完成。

4. 花季

第一步　在西瓜上先雕出一朵山茶花。

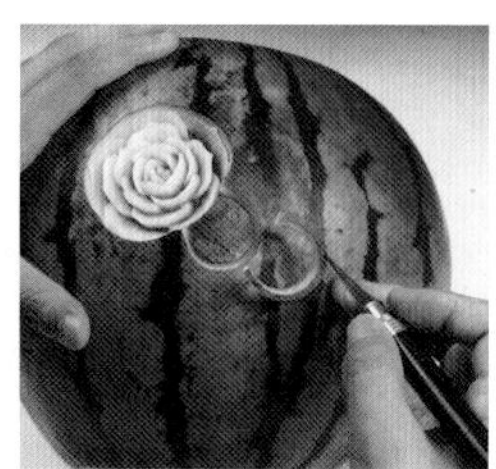
第二步　再雕出一朵花的轮廓。

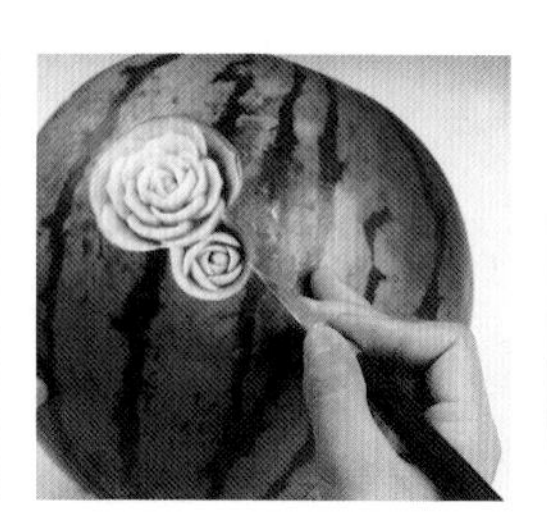
第三步　雕出一朵玫瑰花。

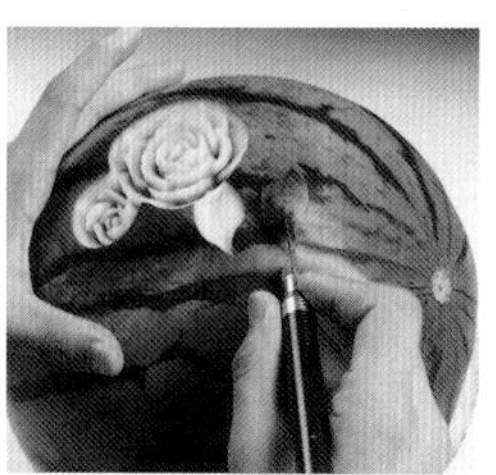
第四步　雕出一块V形废料。

第五步　抖刀雕出叶子和叶筋。

第六步　在两朵花之间雕出竹笋叶。

第七步　雕出另外几片叶子。

第八步　再雕出一朵花的轮廓。

第九步　雕出一朵山茶花。

第十步　雕下一圈废料。

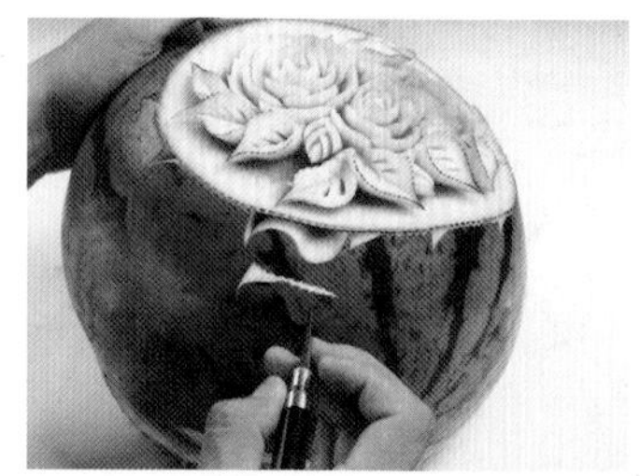
第十一步　抖刀雕出一背景圆形，然后雕出波浪形废料。

第十二步　雕出一圈波浪纹。

第十三步　再雕出一圈波浪纹。

第十四步　雕出第三圈波浪纹后剔下一圈废料。

第十五步　完成。

5. 花好月圆

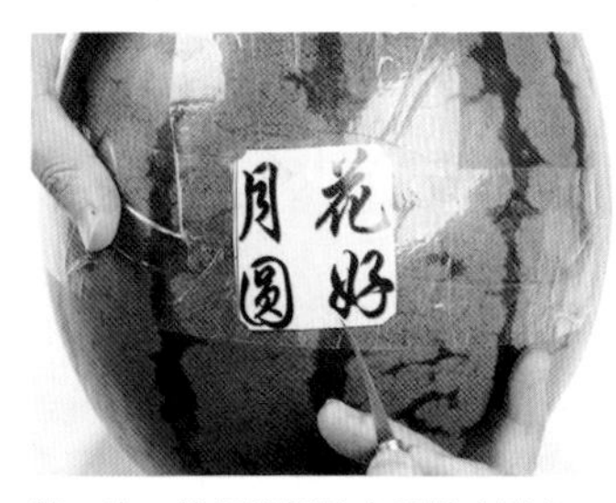

第一步　将打印好的字用胶布贴在西瓜表面，然后隔着胶布雕出字。

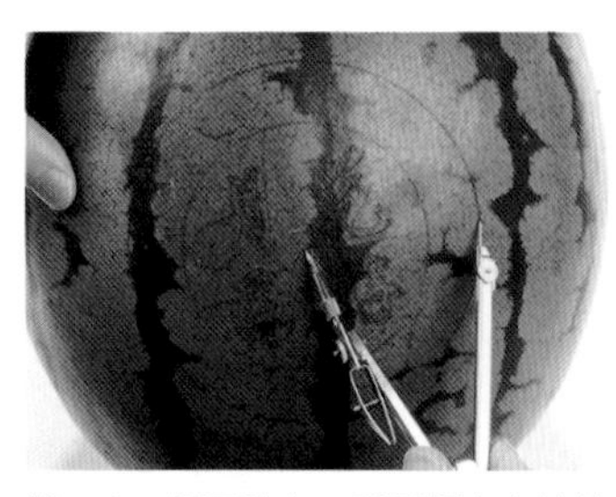

第二步　揭下胶布，用圆规在字的外面画两个同心圆。

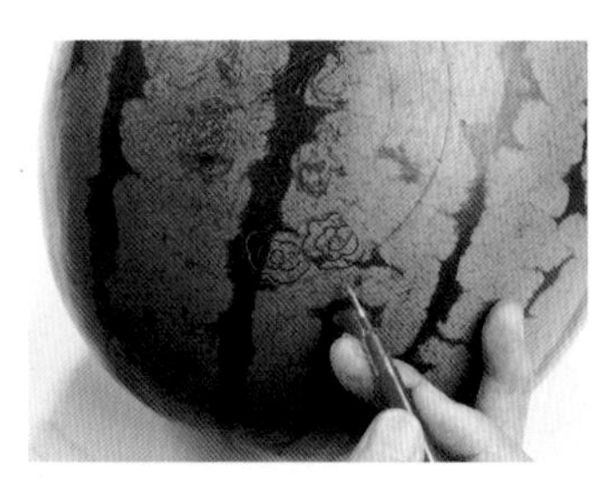

第三步　用红笔在圆圈中画出云卷。

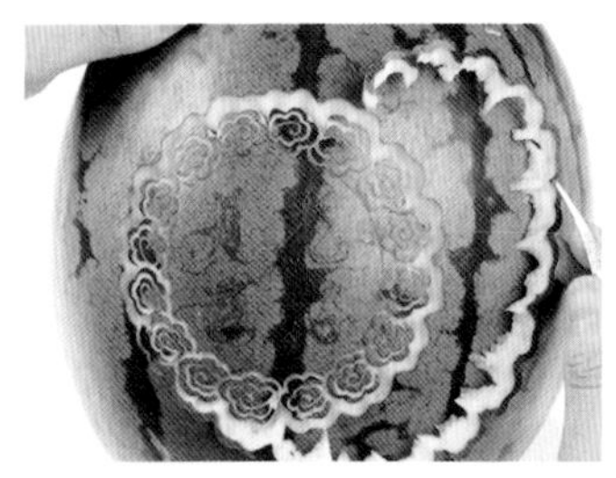

第四步　用手刀雕出云卷，然后在云卷外剔一圈废料。

第五步　将字周围的瓜皮削去。

第六步　在云纹周围雕出八个V字形。

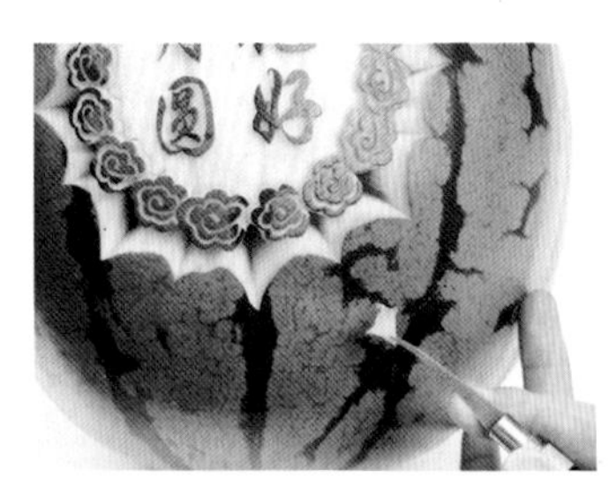

第七步　在两个V字形中间再雕一个小一点的V字形。

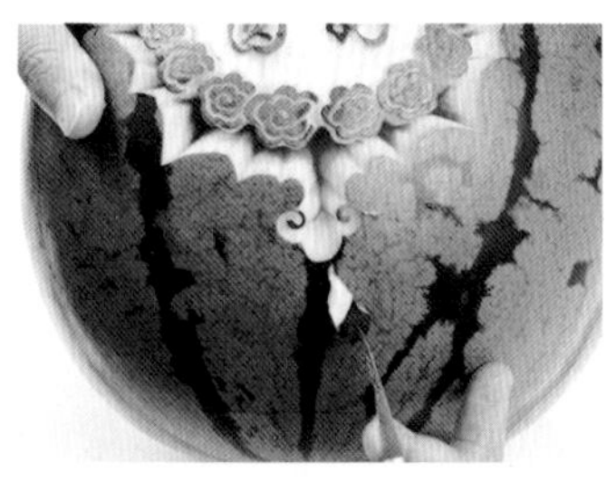

第八步　雕出一个云卷。

第九步　雕出云卷的边线。

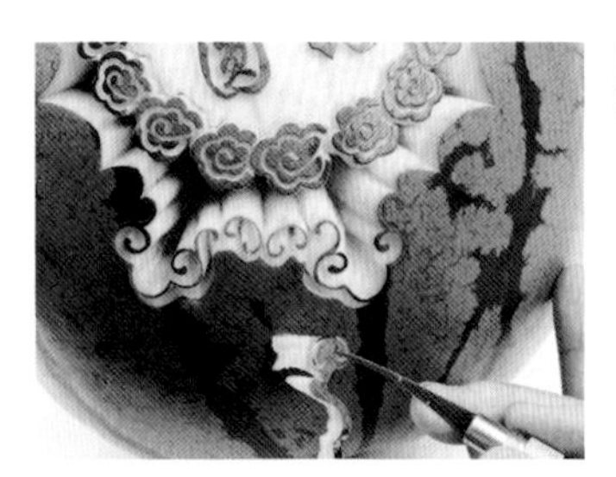

第十步　在两个云卷中间雕出两个如意卷。

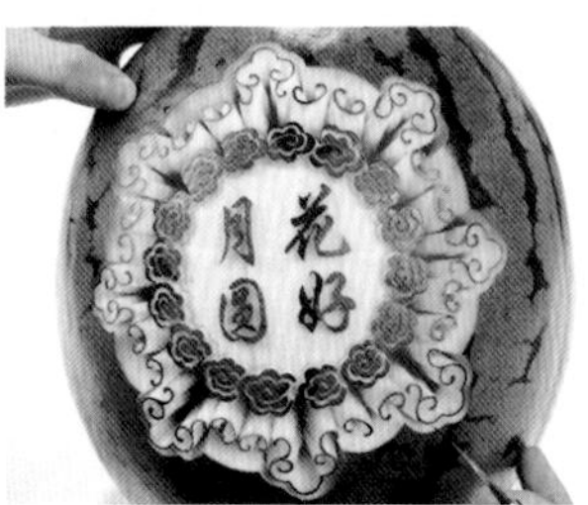

第十一步　如此重复雕完一圈。

第十二步　将两个云卷之间的瓜皮削去，露出红色瓜瓤。

第十三步　雕出玫瑰花。

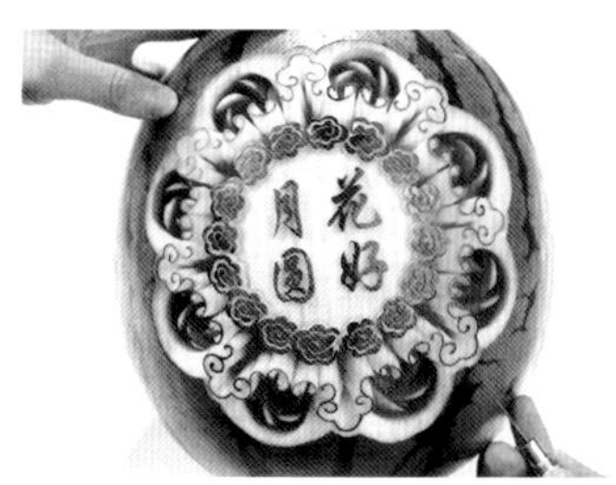

第十四步　如此重复雕出一圈八朵玫瑰花。

第十五步　在玫瑰花的外面雕出花瓣，修成枣核形。

第十六步　旋转刀刃雕出外翻花瓣。

第十七步　雕出一圈外翻花瓣。

第十八步　将玫瑰花的外圈剔下圆弧形废料。

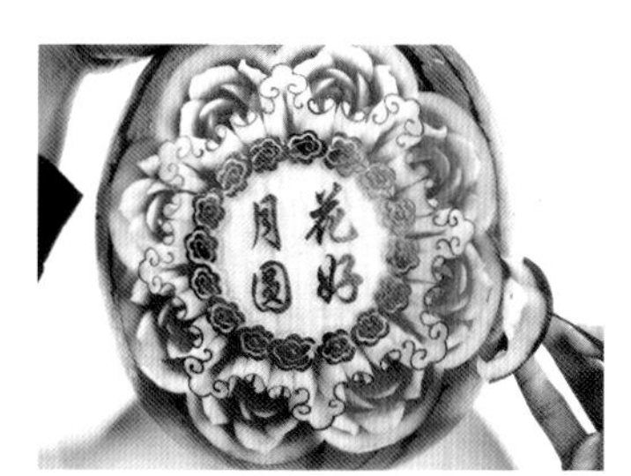

第十九步　如此重复剔下一圈。

第二十步　在花瓣的下面雕出两个对称的V字形。

第二十一步　先雕出一个云卷。

第二十二步　再雕出另一个云卷。

第二十三步　再雕出云卷上面的两个如意卷，剔下废料。

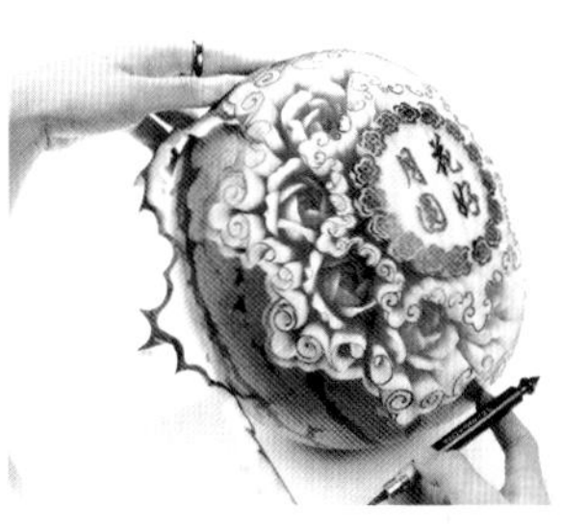

第二十四步　如此重复，雕出一圈。

第二十五步　完成。

6. 心灵之音

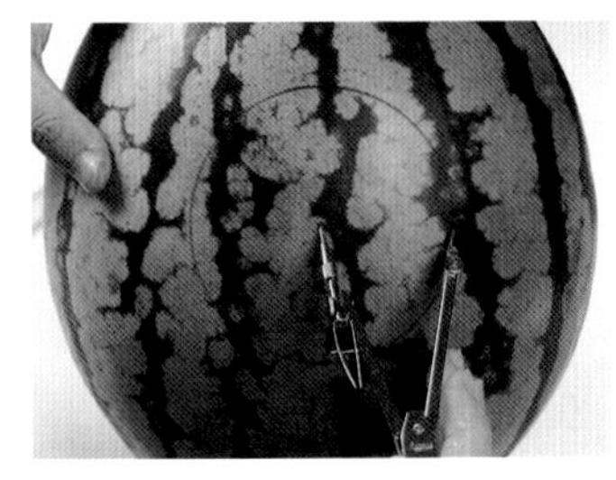

第一步　用圆规在西瓜表面画一个圆，然后直刀雕出这个圆（约1.5cm深）。

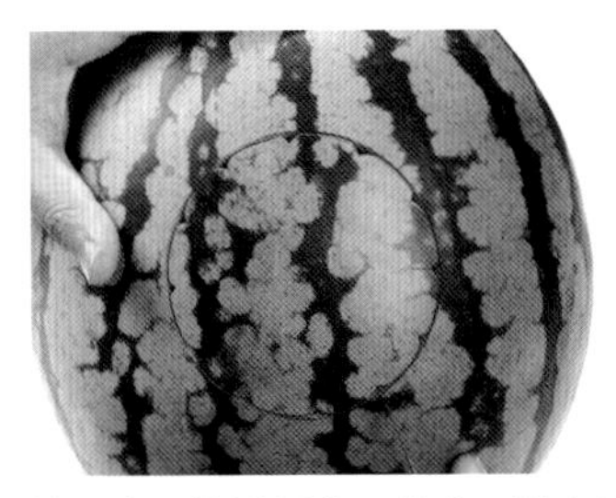

第二步　将圆周十二等分，雕出V字形。

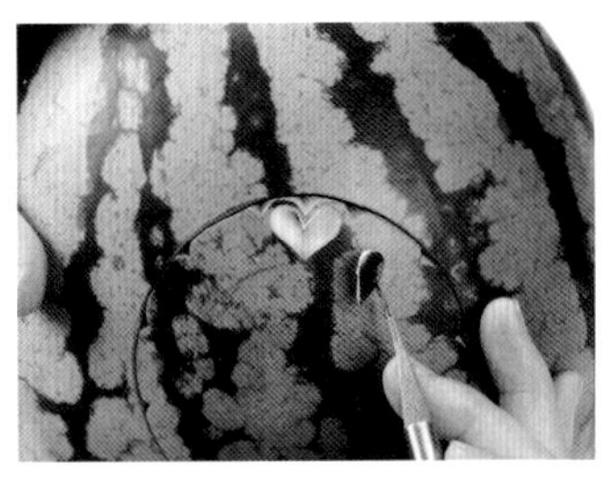

第三步　在V字形的下面雕出心形。

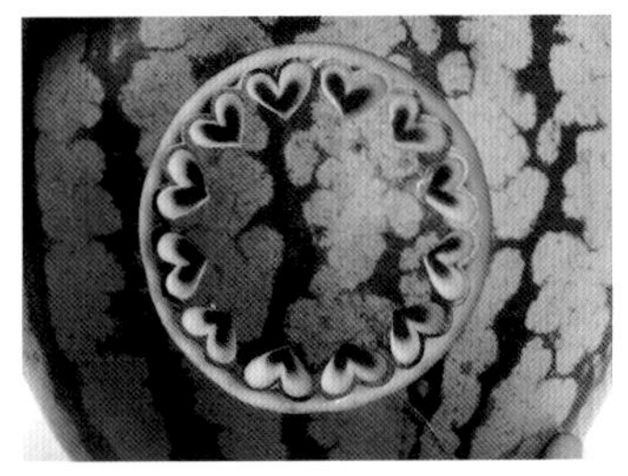

第四步　均匀地雕出十二个心形，露出红瓤。

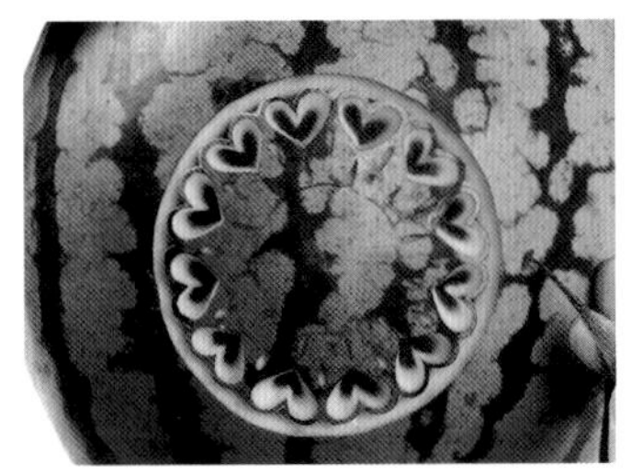

第五步　在心形的下面错位雕出两圈水滴形。

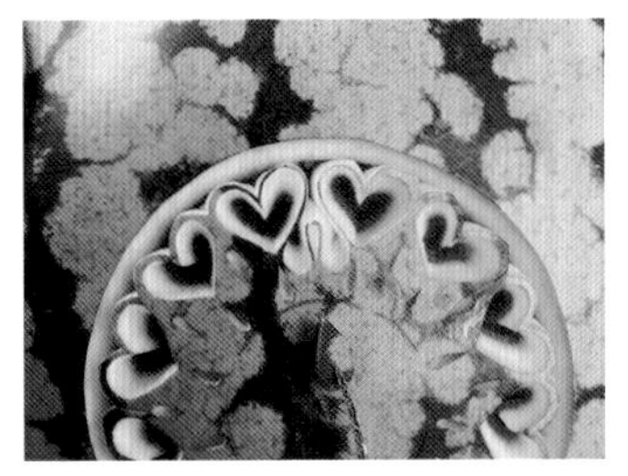

第六步　将第一圈水滴形两侧的原料挖掉。

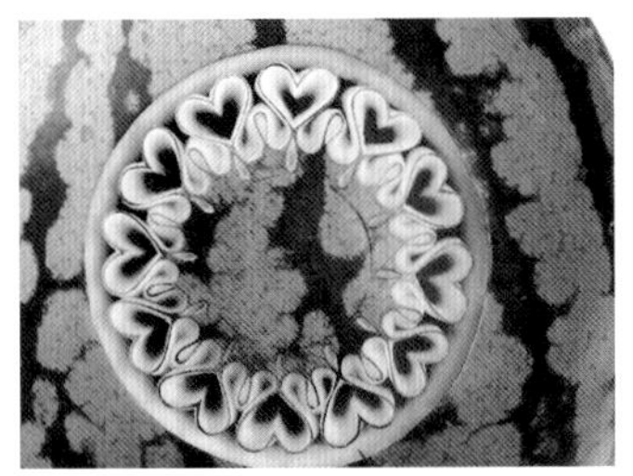

第七步　如此挖出一圈废料。

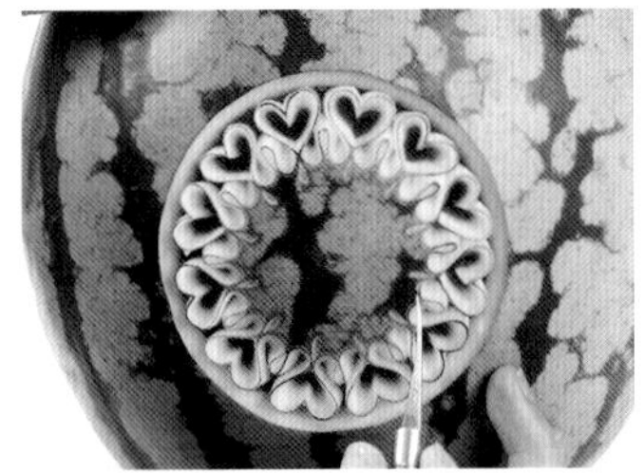

第八步　雕出里圈水滴形的边缘线条。

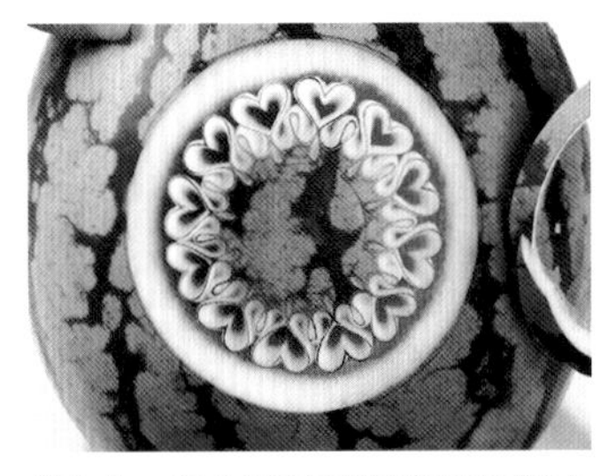

第九步　在心形图案的外圈斜刀削去一圈废料。

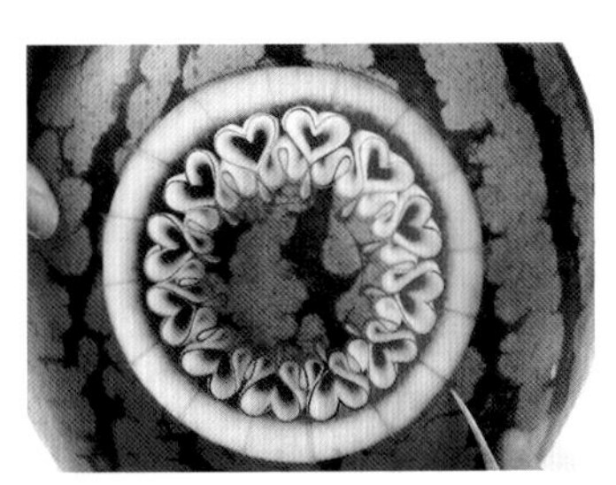

第十步　将切面分成十六份。

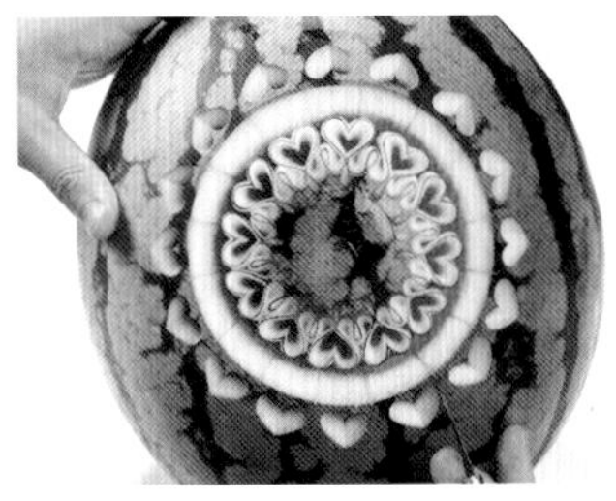

第十一步　雕出十六个心形。

第十二步　在两个心形中间雕出云卷。

第十三步　雕出一个倒着的心形。

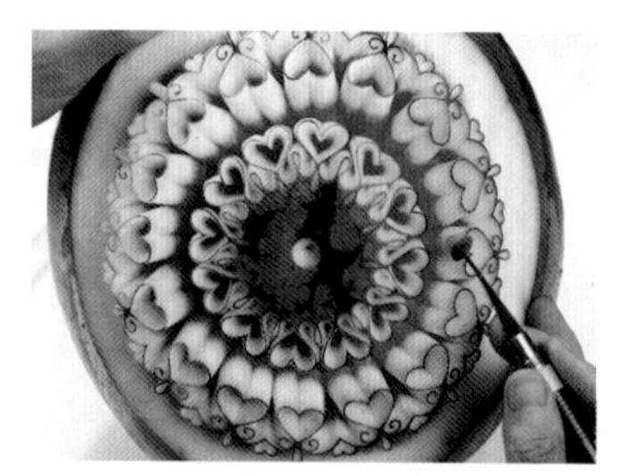

第十四步　在相邻位置雕出云卷，然后在两个云卷中间雕一个水滴形。

第十五步　如此重复雕出一圈后，剔下一圈废料。

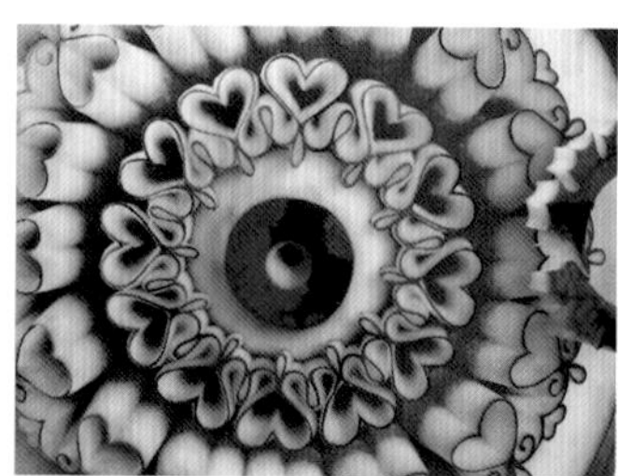

第十六步　在圆心上雕一个锥形坑。

第十七步　将水滴形底下的原料剔下一圈。

第十八步　削去表面老皮。

第十九步　抖刀雕出叶轮状花瓣。

第二十步　如此重复雕出一圈叶轮状花瓣。

第二十一步　在外圈抖刀雕出一圈（三层）花瓣。

第二十二步　雕完后剔除一圈圆弧形废料即可。

7. 姊妹花

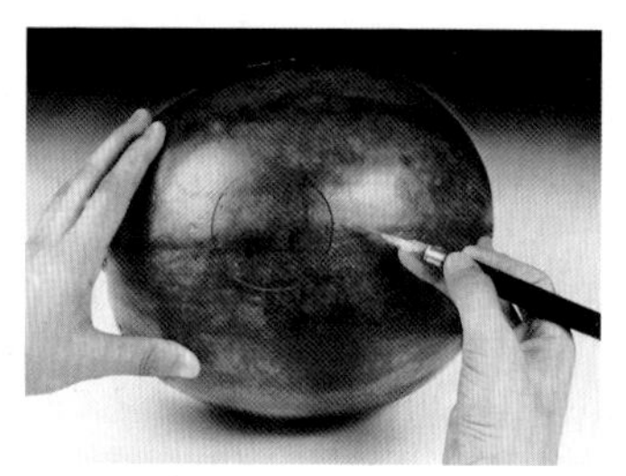

第一步　在西瓜上画一圆，然后直刀雕出这个圆。

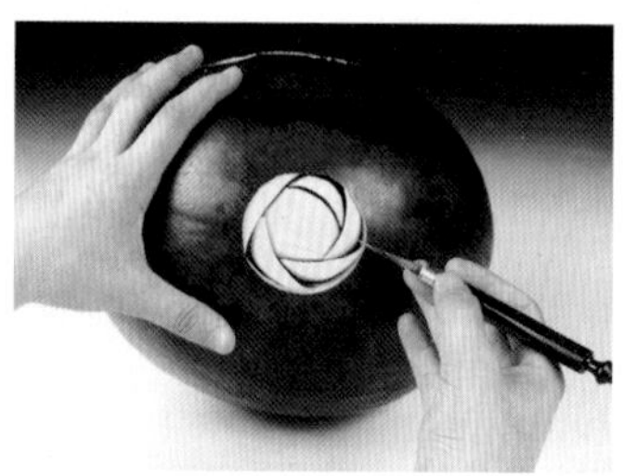

第二步　将圆内瓜皮削去，然后雕出五片花瓣轮廓。

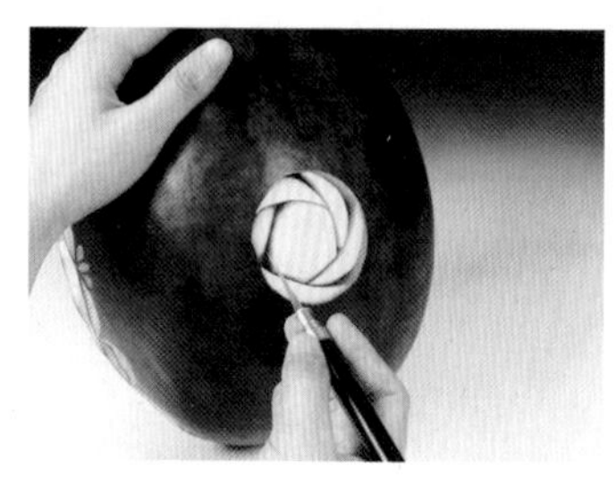

第三步　将每一个花瓣的两端修尖，呈枣核形状。

第四步　旋刀修出外翻的花瓣。

第五步　雕出第一层五片外翻花瓣。

第六步　向内雕出花心。

第七步　再向外雕出六片花瓣轮廓。

第八步　将花瓣两端削尖。

第九步　旋刀雕出外翻花瓣。

第十步　再雕出一朵玫瑰花。

第十一步　向外雕出一圈花瓣，然后雕叶子。

第十二步　雕出一圈叶子。

第十三步　雕出一圈波浪形。

第十四步　雕出小水滴。

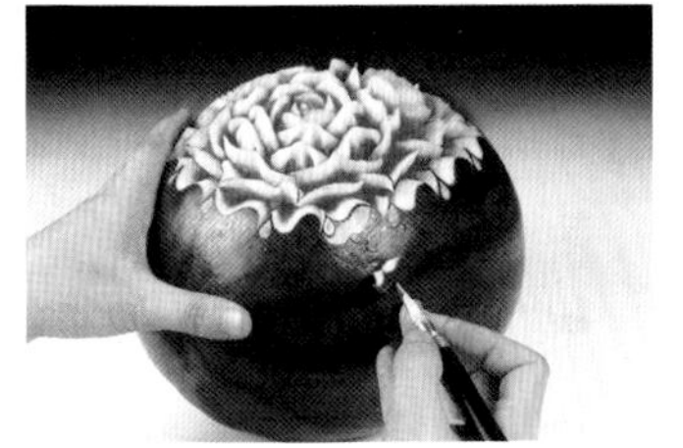
第十五步　斜刀雕下波浪和水滴下面的原料。

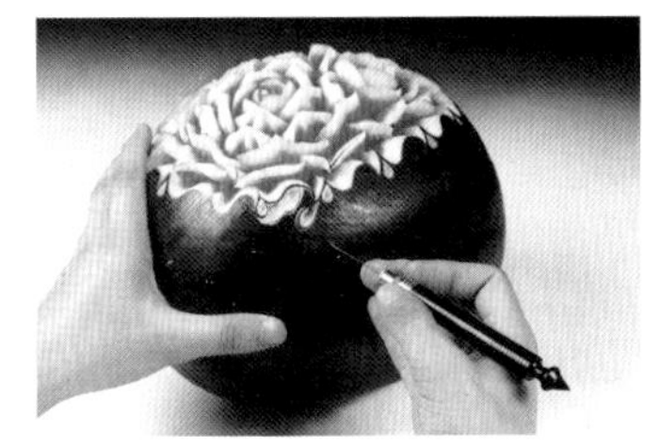
第十六步　将波浪纹向下延长至一个S形。

第十七步　再斜刀、直刀、斜刀雕出小波浪纹。

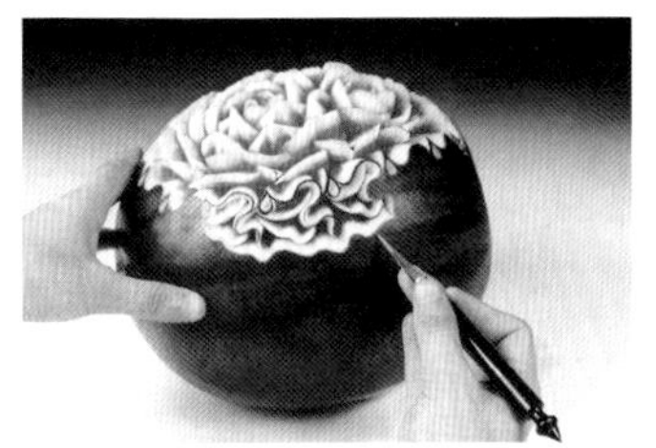
第十八步　重复雕至一圈即可。

第十九步　完成。

8. 花开富贵

第一步　用圆规在西瓜表面画圆，然后直刀雕出这个圆。

第二步　斜刀雕下波浪形原料，然后直刀雕出波浪形花瓣。

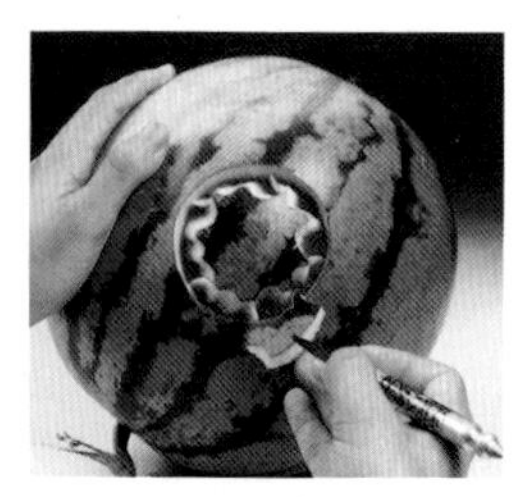
第三步　如此重复雕出第一层五片花瓣。

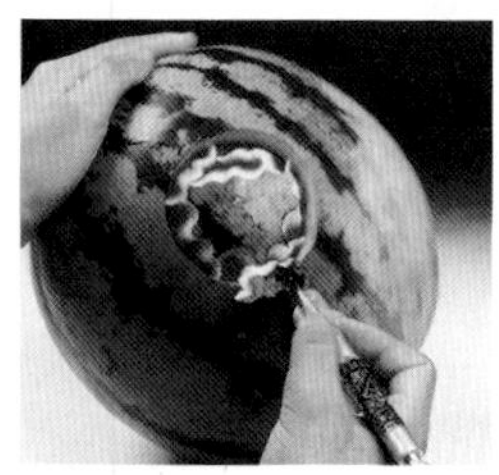
第四步　在两片花瓣之间斜刀雕出波浪废料。

第五步　雕出第二层花瓣。

第六步　雕至花心。

第七步　再向外雕下波浪形废料。

第八步　直刀雕出波浪形花瓣。

第九步　雕出一圈波浪形花瓣。

第十步　在两片花瓣之间雕一片小的花瓣。

第十一步　然后雕出大的波浪花瓣。

第十二步　再雕一层小花瓣。

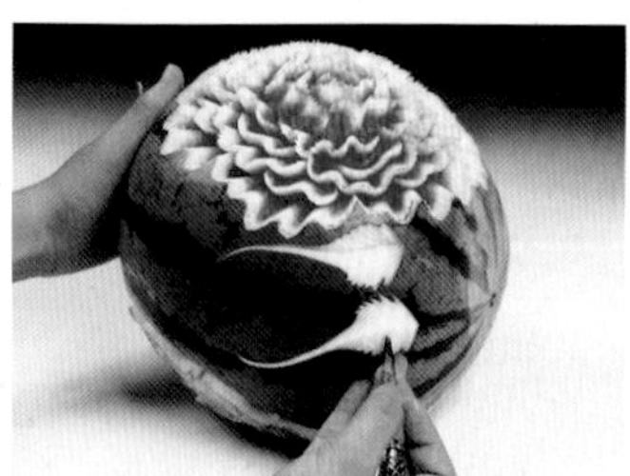
第十三步　在空余地方雕出几片叶子。

第十四步　剔去一大圈废料。

第十五步　将叶子插在花瓣后面即可。

9. 平凡之路

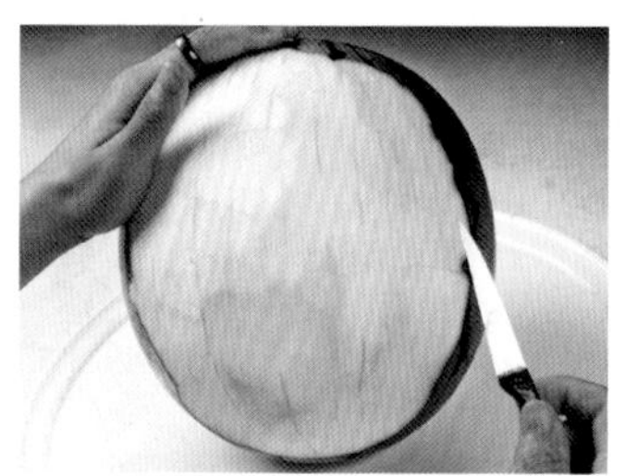

第一步　将西瓜的表皮削去。

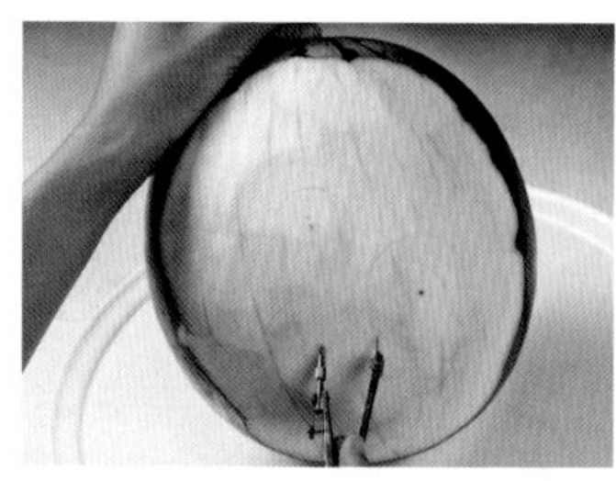

第二步　用圆规画出三个同心圆。

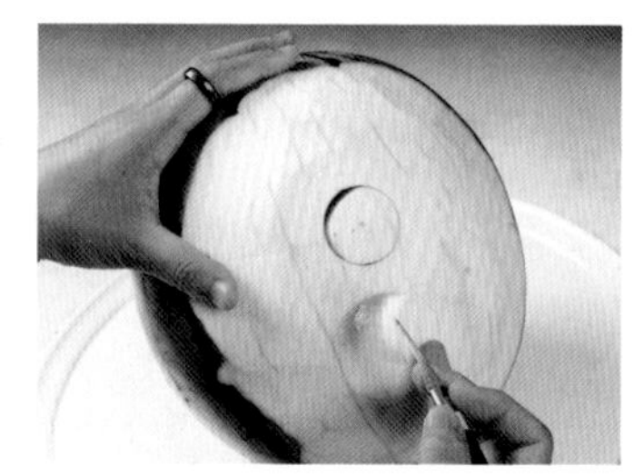

第三步　直刀雕出一个小圆，斜雕一刀，取下废料。

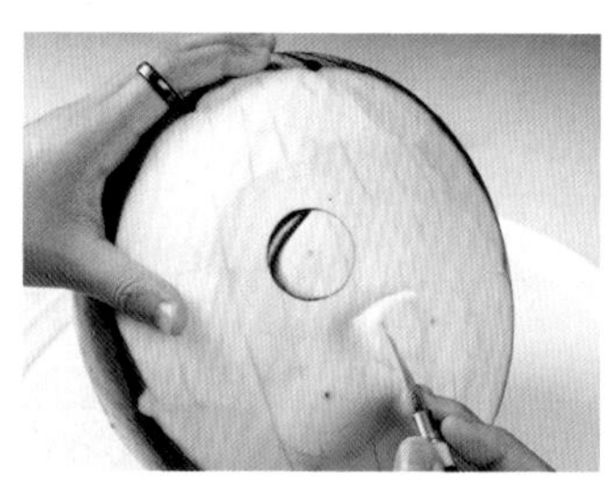

第四步　直刀雕出一片花瓣，在花瓣内侧剔下一条废料。

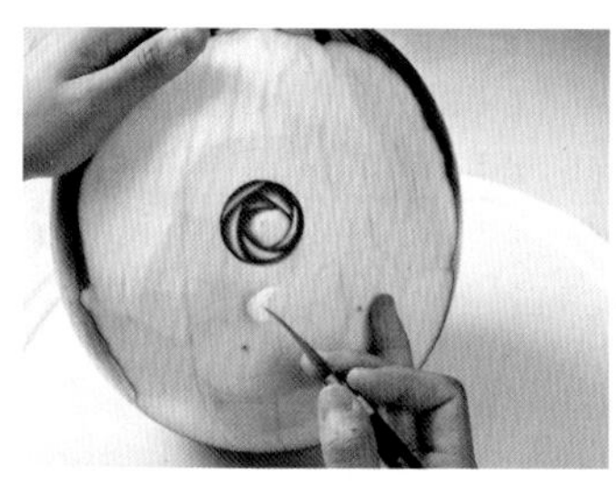

第五步　如此重复雕出第一层五片花瓣。

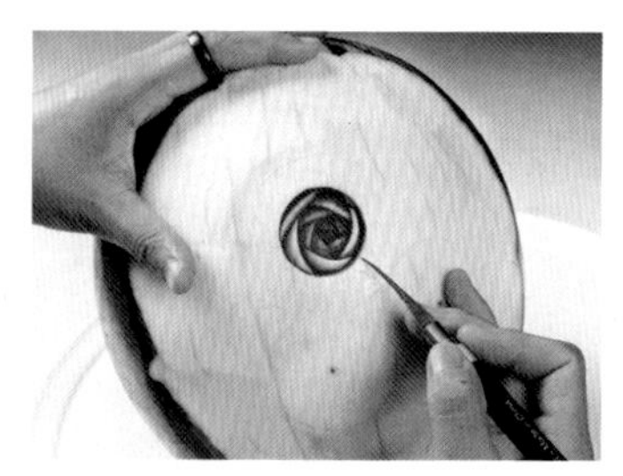

第六步　雕至花心。

第七步　在花的外面雕出一片花瓣轮廓（以大圆为界）。

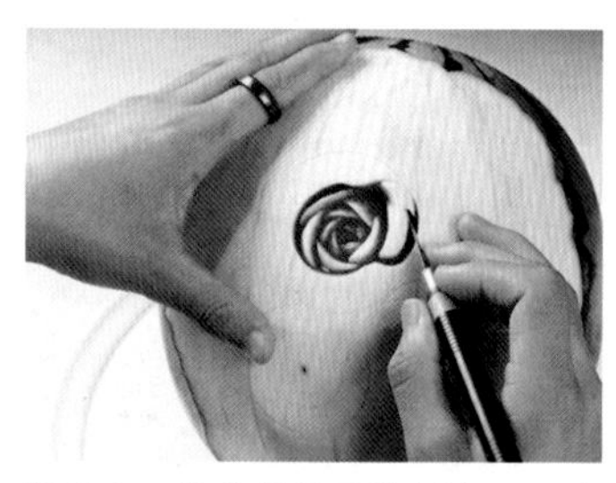

第八步　将花瓣的两端削尖，呈枣核状。

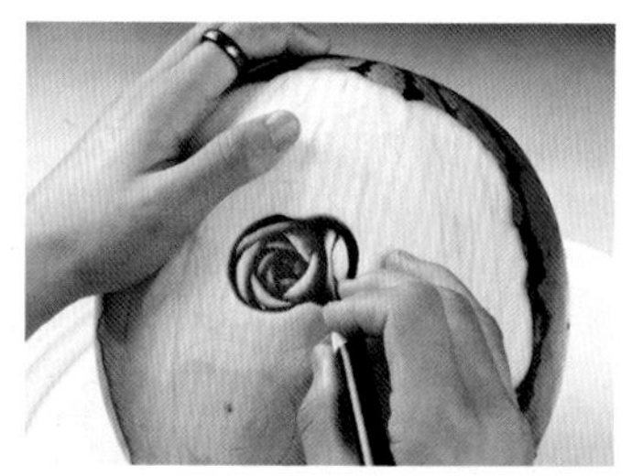

第九步　旋转刀尖雕出外翻花瓣的一侧。

第十步　再雕出外翻花瓣的另一侧。

第十一步　如此重复雕出五片外翻花瓣。

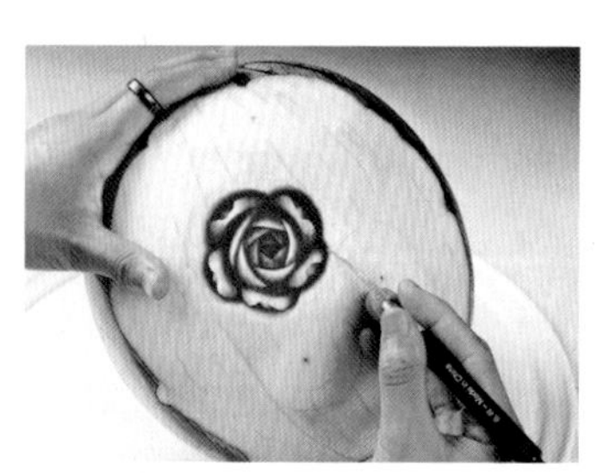

第十二步　将花瓣外侧的废料剔下一圈。

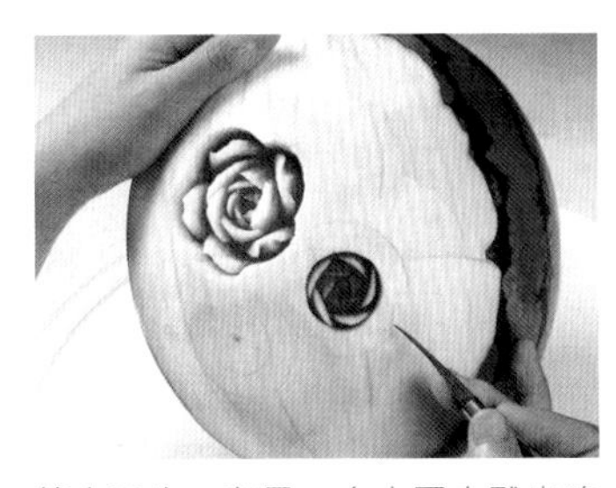

第十三步　在另一个小圆内雕出玫瑰花。

第十四步　再雕出五片外翻花瓣。

第十五步　雕出第三朵花。

第十六步　雕出一V形槽。

第十七步　抖刀雕出V形叶子。

第十八步　再雕出V形槽。

第十九步　再抖刀雕出叶子。

第二十步　如此重复雕出一圈叶子。

第二十一步　将两片叶子下面的废料剔掉。

第二十二步　按照前面的方法再雕一圈叶子。

第二十三步　将叶子下面的废料完整地剔下。

第二十四步　摆放造型。

第二十五步　完成。

10. 几度红尘

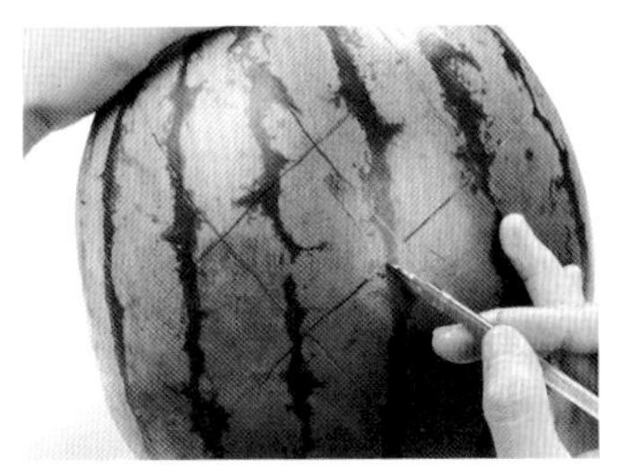

第一步　用红笔在西瓜表面画出斜方格。

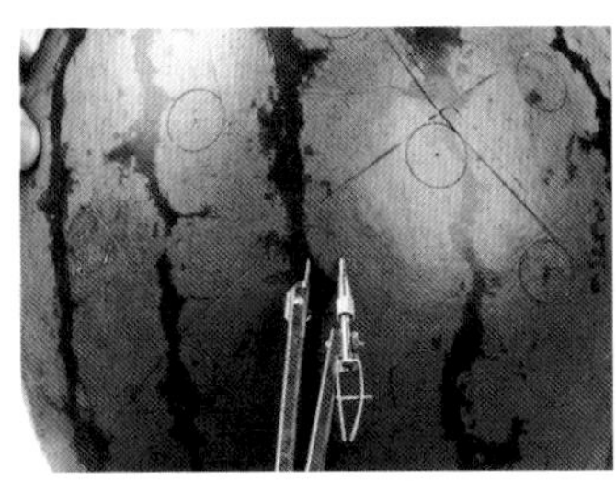

第二步　在方格的一角画出一小圆。

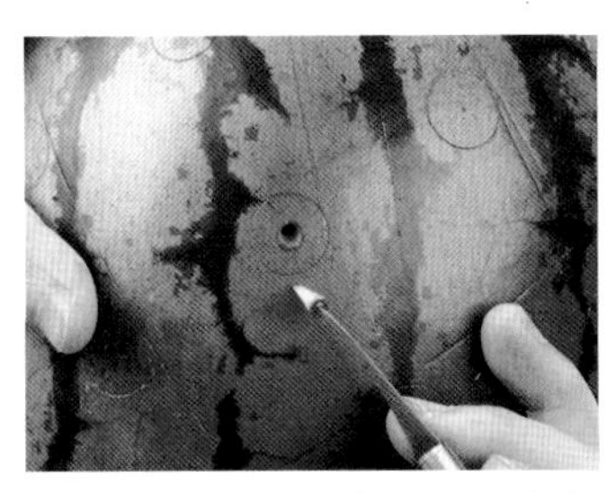

第三步　旋刀在小圆中心雕出圆锥孔。

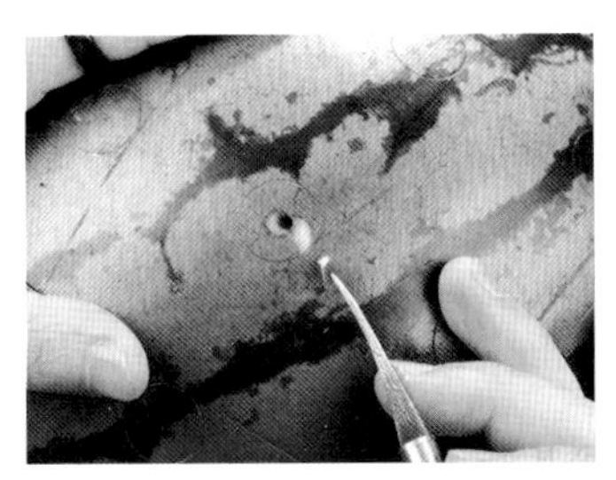

第四步　直切一刀，然后斜刀雕下旁边的废料。

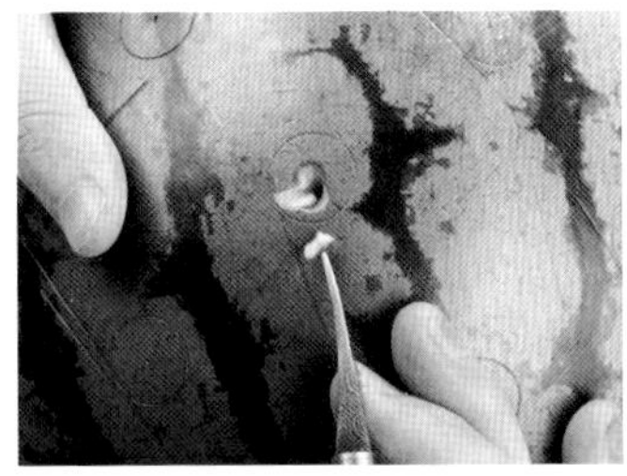

第五步　在斜面上雕出半个圆形花瓣，然后斜刀雕出下一个斜面。

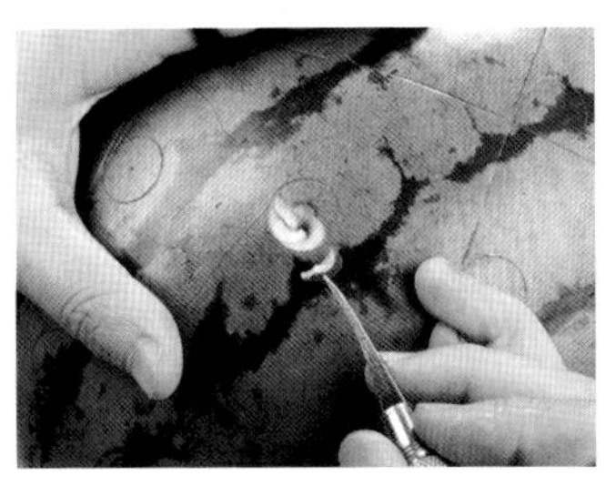

第六步　在斜面上雕出一完整的圆形花瓣，雕出下一个斜面。

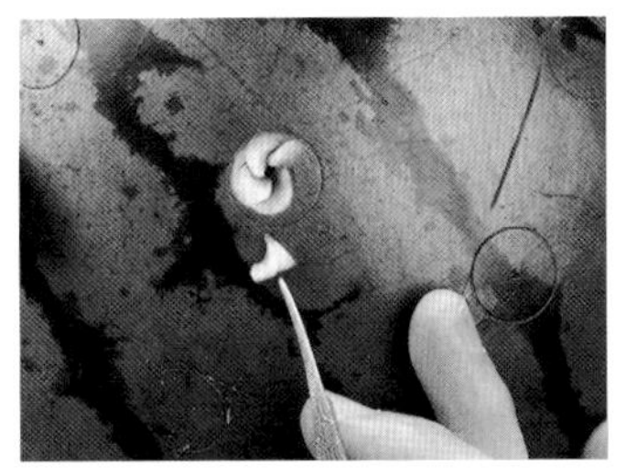

第七步　再雕出完整的圆形花瓣，然后雕出下一个斜面。

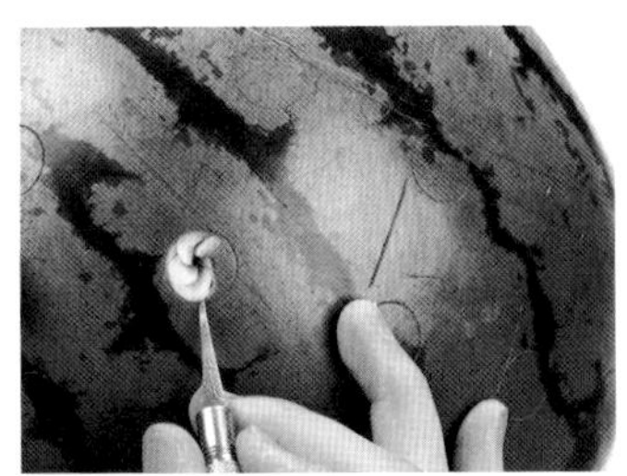

第八步　在斜面上雕出第四片花瓣。

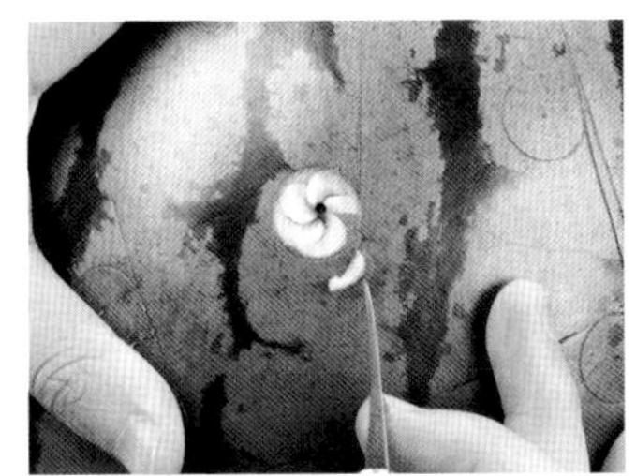

第九步　雕出下一个斜面。

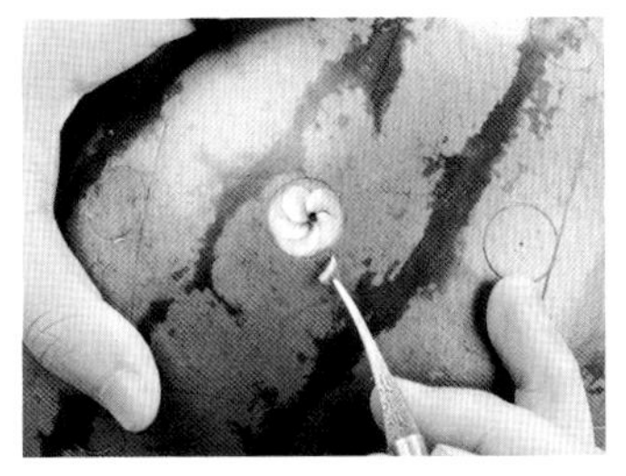

第十步　雕出第五片花瓣，修出斜面后把第一片的半个花瓣雕完整。

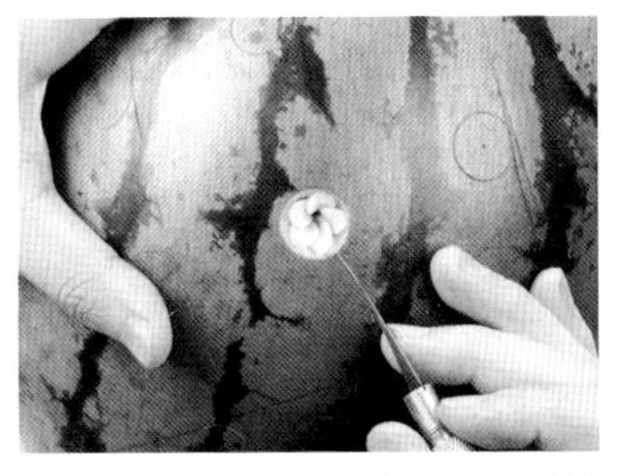

第十一步　剔去一圈废料后使花瓣凸现。

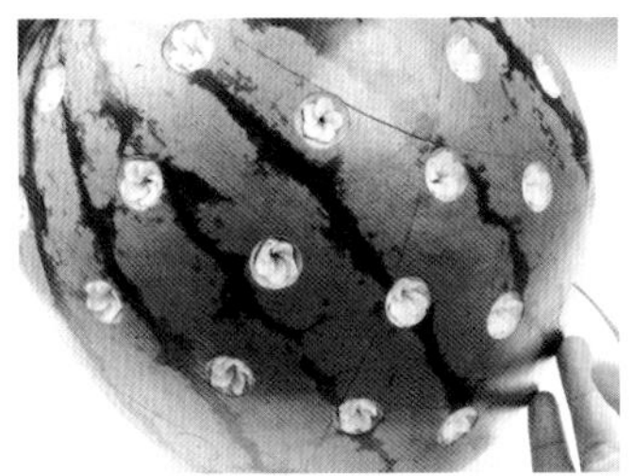

第十二步　雕出各个小花（这种小花叫鸡蛋花）。

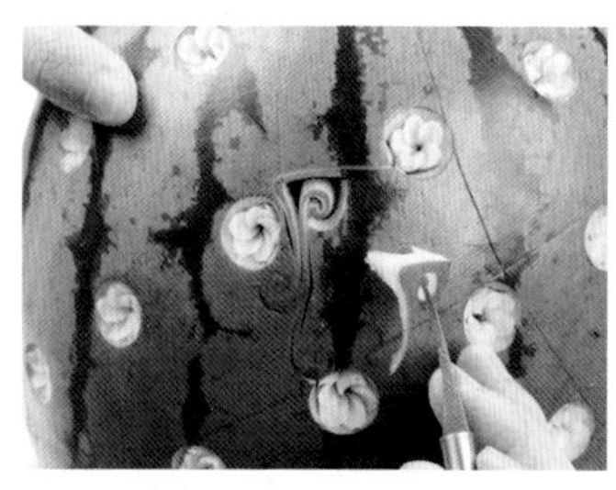

第十三步　在三个小花之间雕出两段曲线。

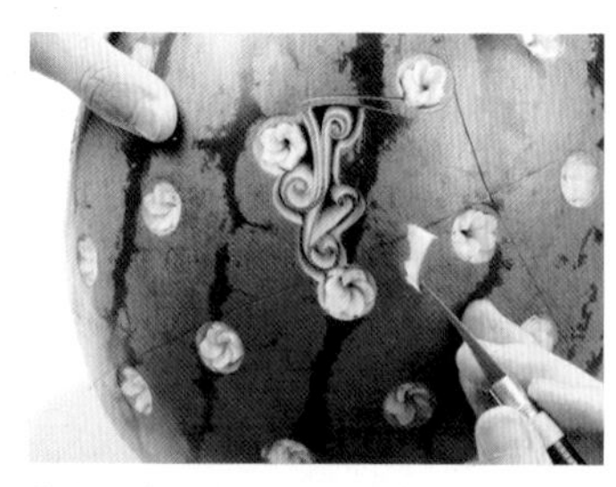

第十四步　将曲线周边的废料剔掉。

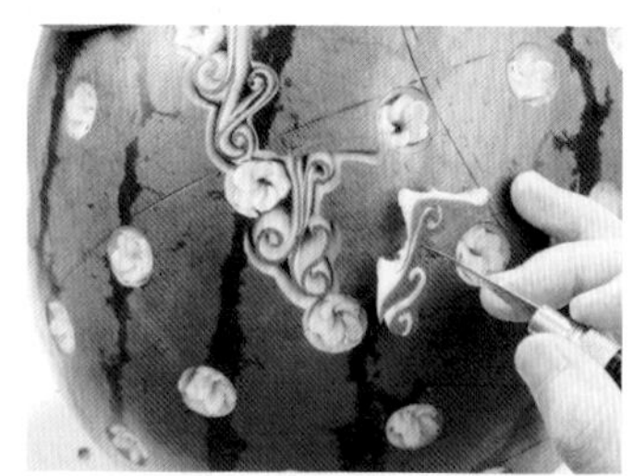

第十五步　在相邻的位置上再雕出同样的曲线。

第十六步　在两组曲线中间雕出一个S形曲线，把两组曲线连接起来。

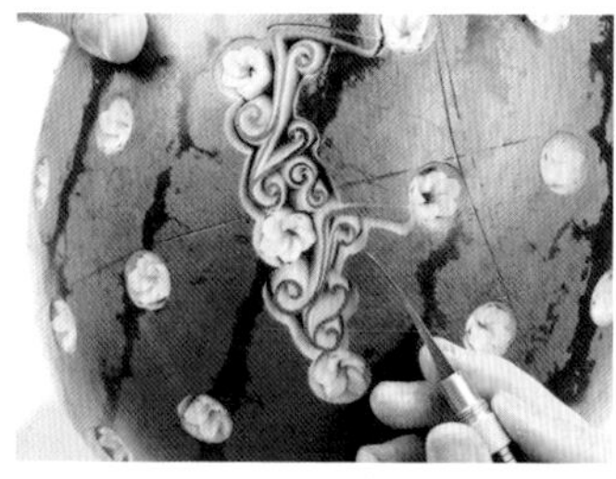

第十七步　将S形曲线周边的废料剔掉。

第十八步　将西瓜表面的曲线都雕出来。

第十九步　将空白外的瓜皮雕下。

第二十步　削至露出红色瓜瓤。

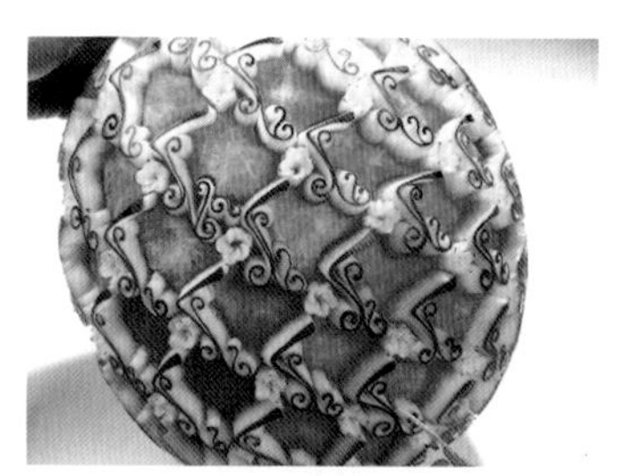

第二十一步　露出整个西瓜的红瓤。

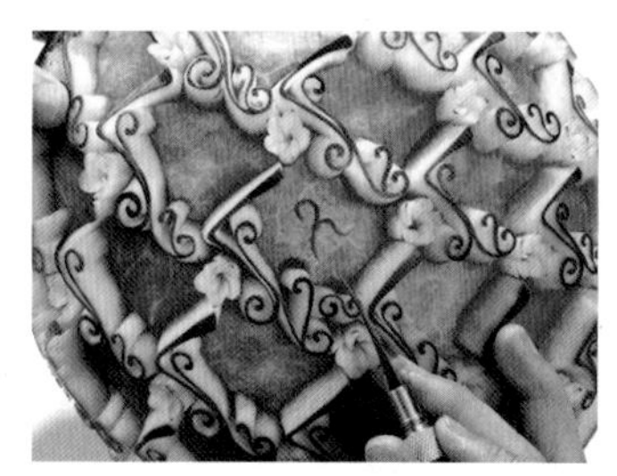

第二十二步　在红瓤表面雕出人字形图案。

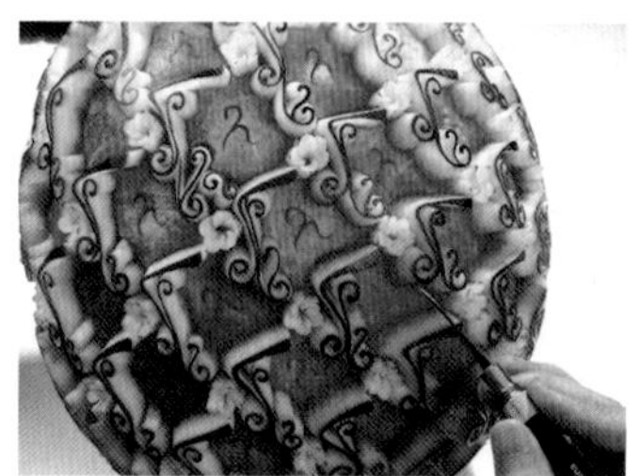

第二十三步　雕满人字形图案。

第二十四步　最后剔去一圈废料。

第二十五步　完成。

11. 多情玫瑰

第一步　用圆规在西瓜表面画圆，先直刀后斜刀雕出这个圆。

第二步　先斜刀剔下一月牙形废料，直刀雕出花瓣，再剔下一条废料。

第三步　雕出第二片花瓣。

第四步　雕至花心。

第五步　向外雕出一片波浪形花瓣，花瓣的一侧外翻。

第六步　雕出一圈波浪形外翻花瓣后，再雕出第二层花瓣轮廓。

第七步　雕出第二层波浪形外翻花瓣。

第八步　在花的外面雕出一圈十二个圆弧。

第九步　雕出波浪纹。

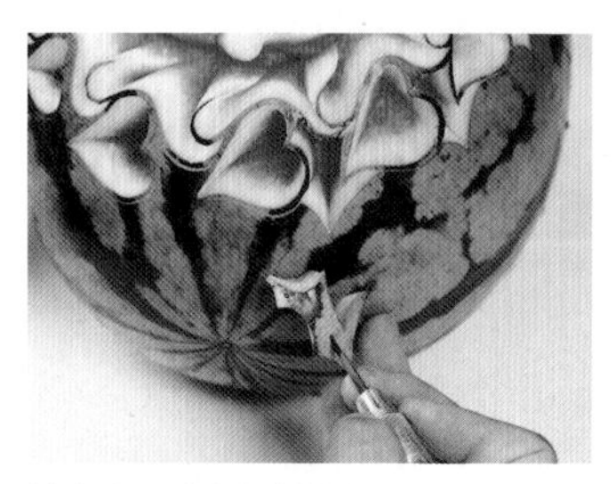

第十步　雕出倾斜的心形。

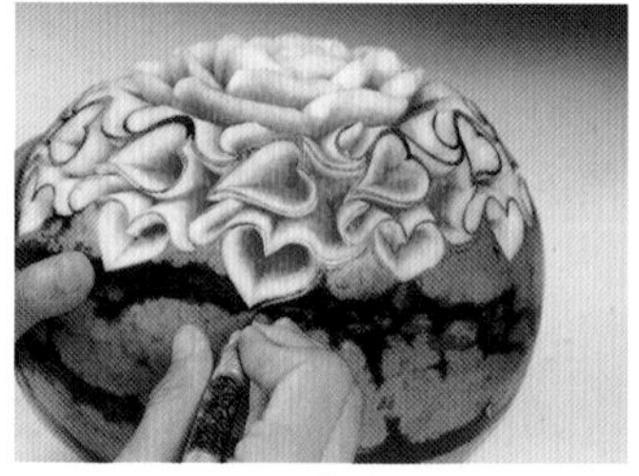

第十一步　雕出一圈波浪纹后，再雕出一圈心形。

第十二步　剔下一圈废料。

第十三步　完成。

12. 普天同庆

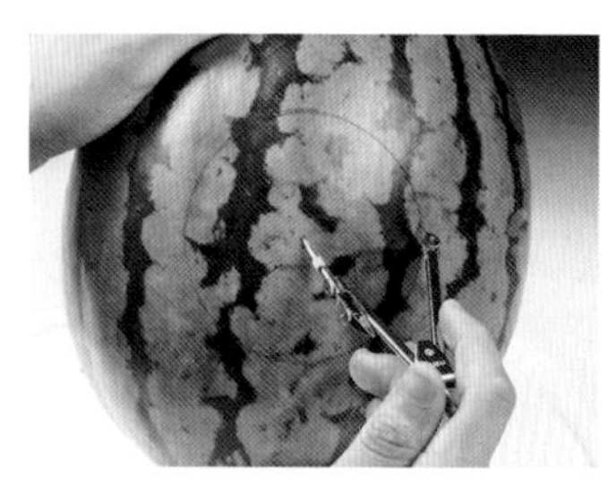
第一步　用圆规在西瓜表面画一个圆。

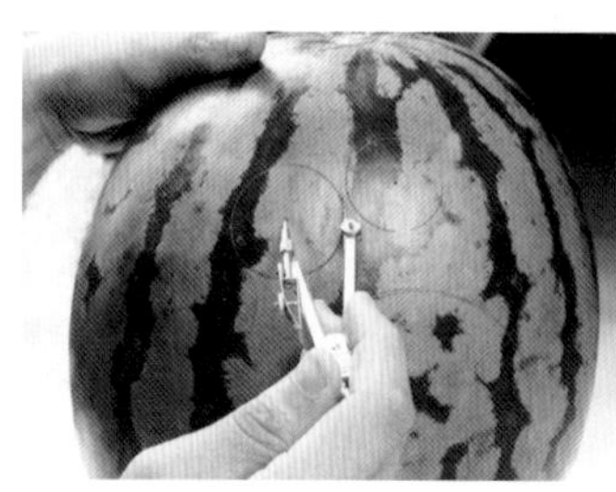
第二步　在旁边再画三个小圆。

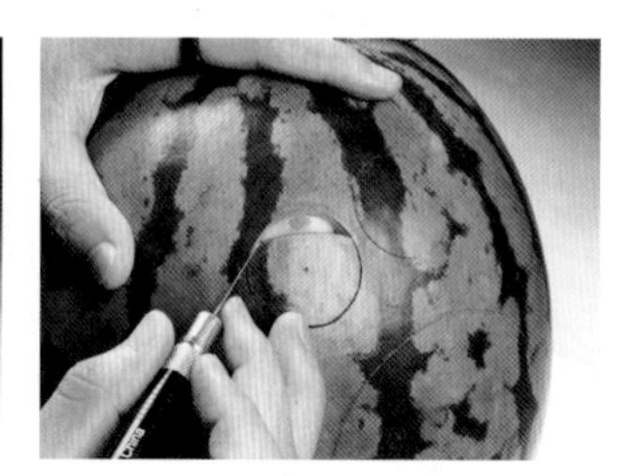
第三步　直刀将中间小圆的边界线雕出，再将第一个花瓣雕成枣核状。

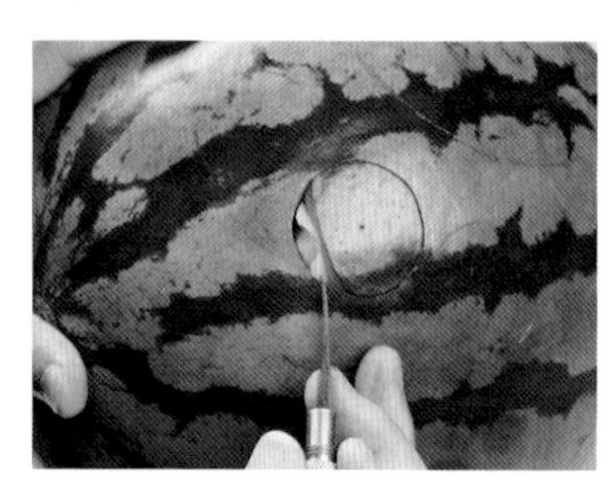
第四步　旋转刀刃雕出外翻花瓣。

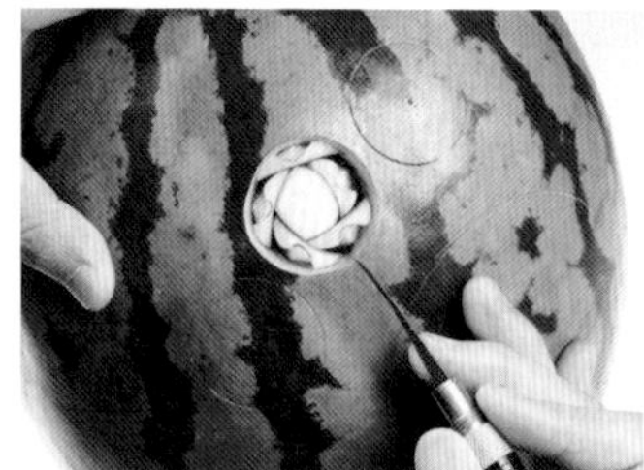
第五步　雕出第一圈五片外翻花瓣。

第六步　雕出花心。

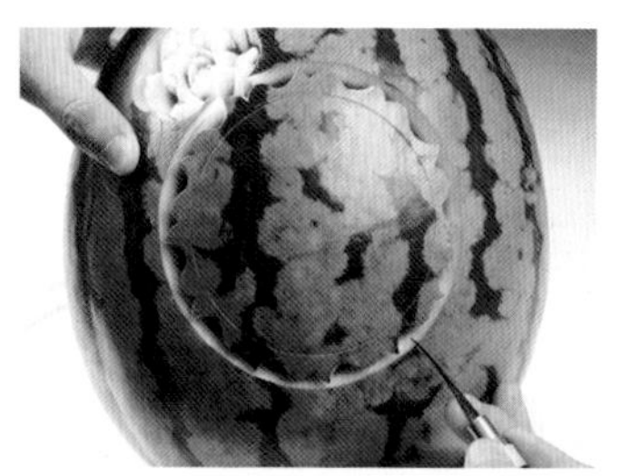
第七步　直刀雕出大圆，将大圆十二等分，雕出波浪线。

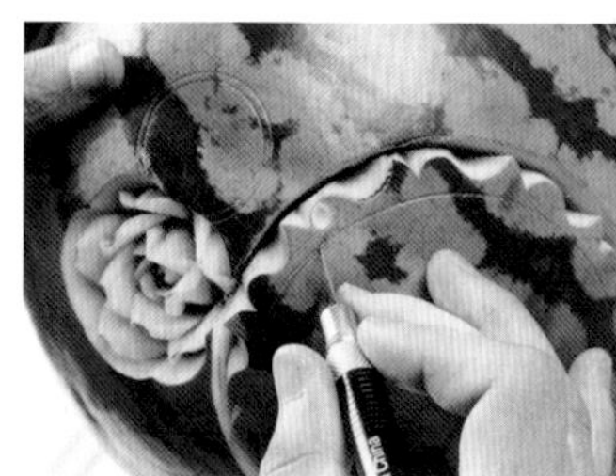
第八步　抖刀雕出波浪卷，在末端雕出一小圆和翘起的尖。

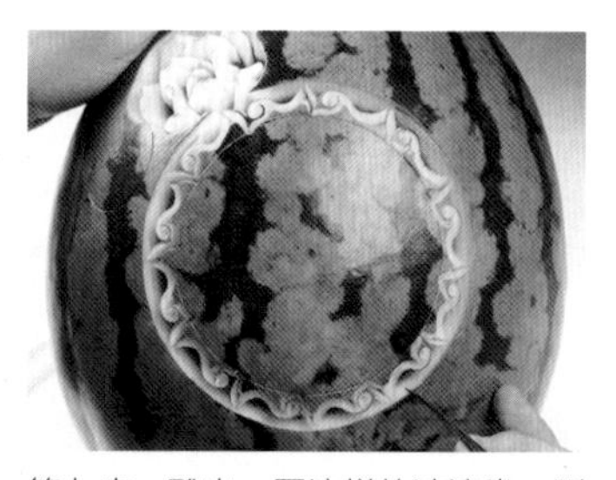
第九步　雕出一圈这样的波浪卷，剔下一圈废料。

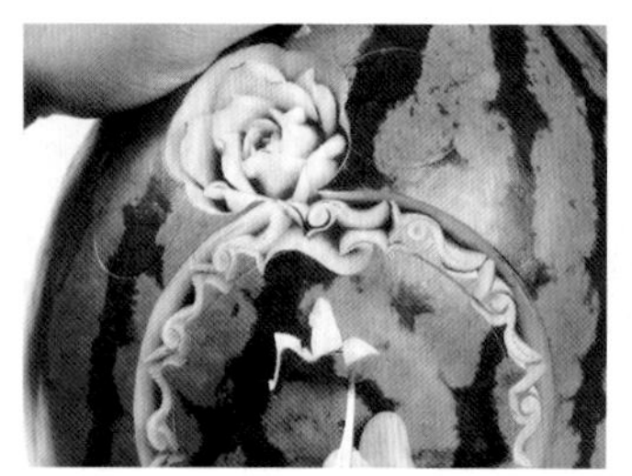
第十步　雕出第二层的波浪卷。

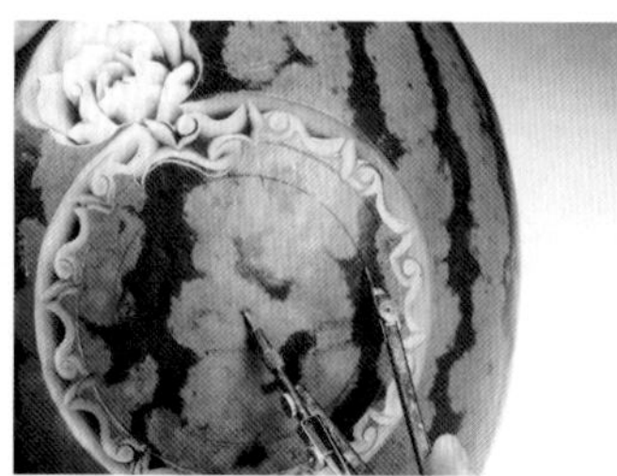
第十一步　以波浪卷的下缘为界，再画一个圆。

第十二步　雕出第二圈波浪卷。

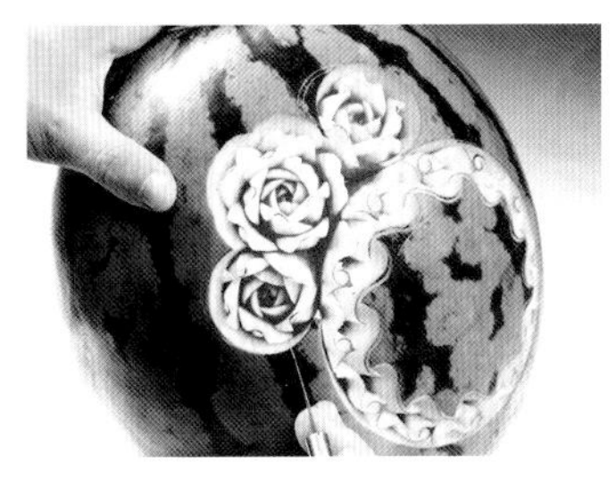
第十三步　雕出另外两朵外翻玫瑰花。

第十四步　雕出三个波浪线。

第十五步　雕出三片叶子（叶子的前半部分是抖刀）。

第十六步　在两朵花之间雕出一竹笋叶。

第十七步　在竹笋叶的右边雕出一波浪线。

第十八步　雕出螺旋卷。

第十九步　在竹笋叶的左边雕出一波浪线。

第二十步　再雕出一个竹笋叶。

第二十一步　再雕出一螺旋卷。

第二十二步　在竹笋叶左边雕出波浪线。

第二十三步　在花的外面抖刀雕出两片尖叶。

第二十四步　在波浪卷的外围雕下一圈废料。

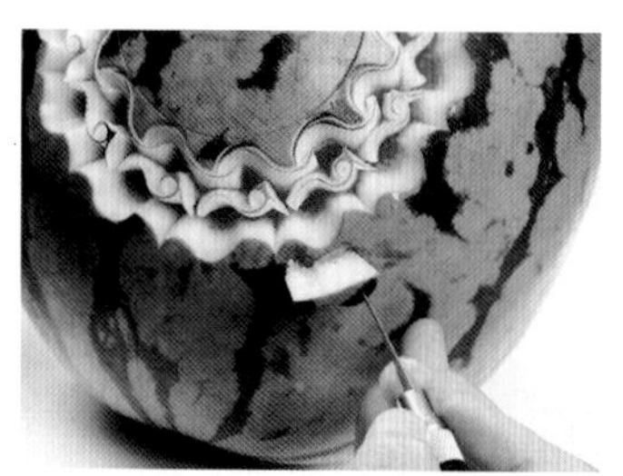

第二十五步　向外雕一圈波浪线。

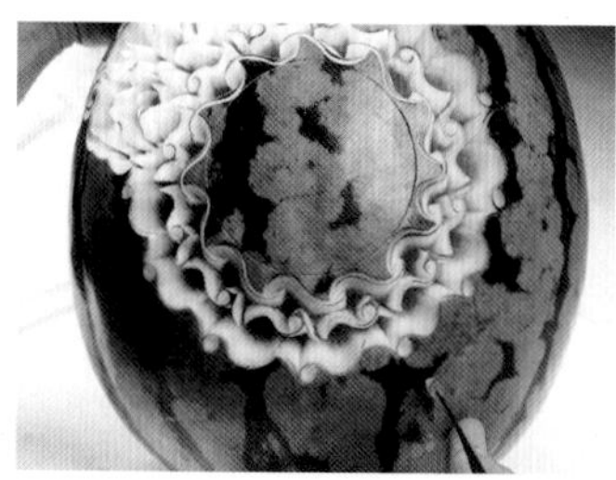

第二十六步　继续雕出一圈波浪卷。

第二十七步　在玫瑰花和波浪卷之间雕出一V形叶片。

第二十八步　雕出一圈V形叶片。

第二十九步　雕出两片扭曲的叶子。

第三十步　剔下废料。

第三十一步　在平面上雕出海马图案。

第三十二步　剔下废料，露出海马图案。

第三十三步　连续雕出一圈海马图案，剔下一圈废料。

第三十四步　削下中心圆周围的一圈废料。

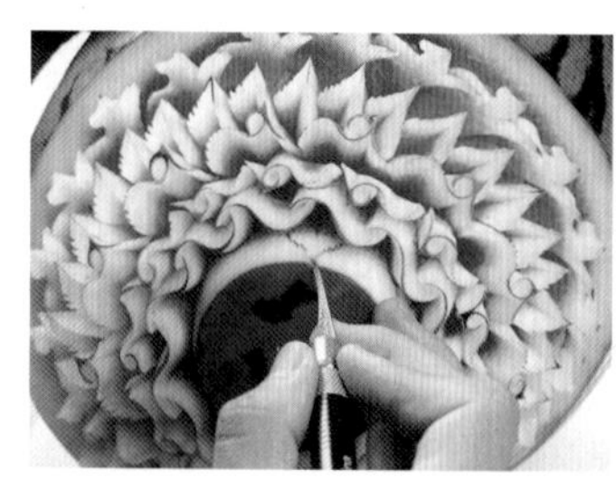

第三十五步　抖刀雕出尖形花瓣。

第三十六步　雕出一圈花瓣后剔一圈废料。

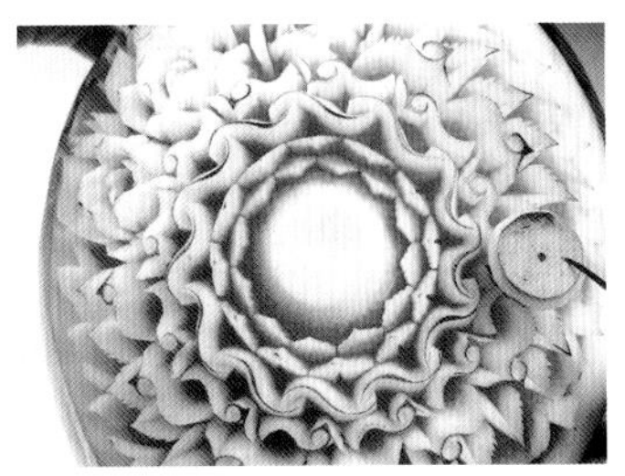

第三十七步　再雕一圈花瓣，再剔一圈废料。

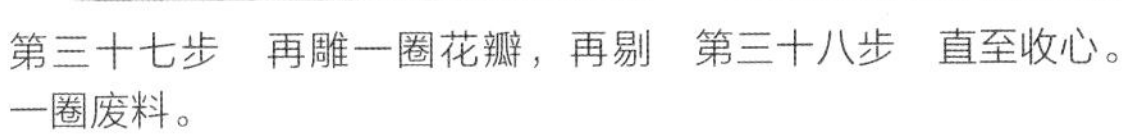

第三十八步　直至收心。

第三十九步　在花边的周围雕出简单的图案。

第四十步　完成。

13. 桥

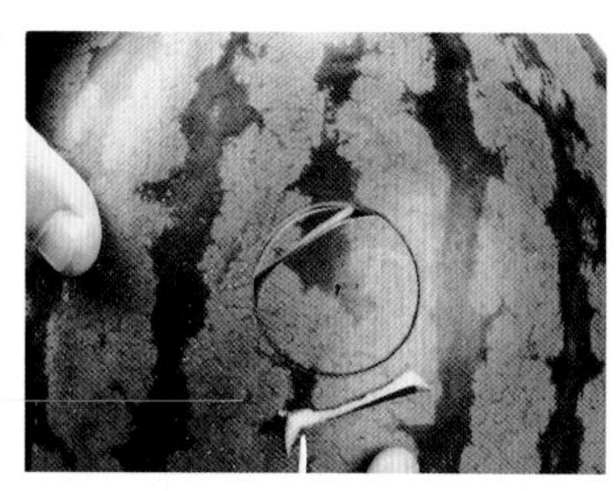

第一步　在西瓜表面画一小圆，直刀雕出小圆，斜刀雕下一条废料，直刀雕出花瓣。

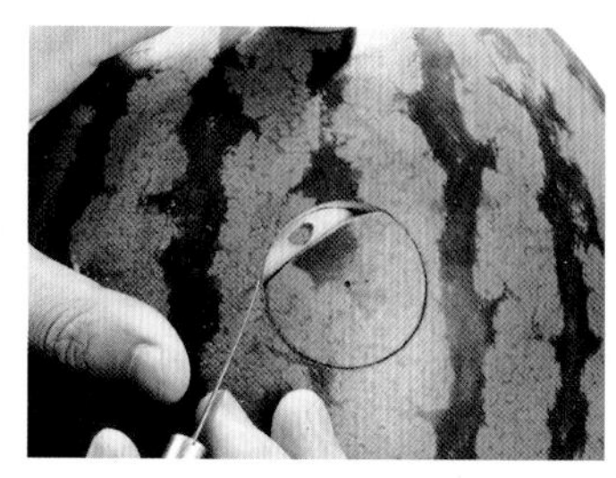

第二步　将花瓣两侧修尖呈枣核状。

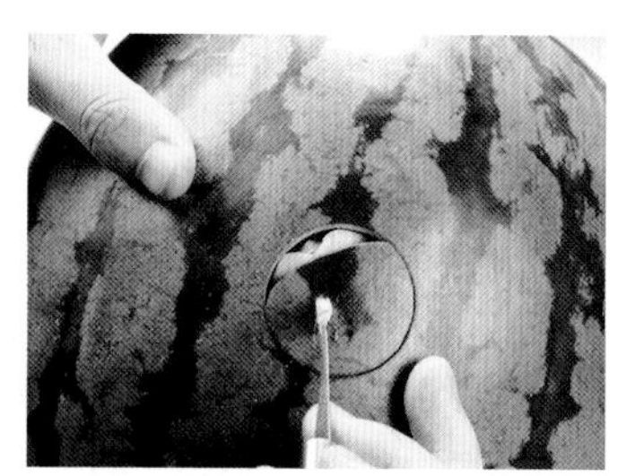

第三步　旋转刀尖雕出外翻花瓣。

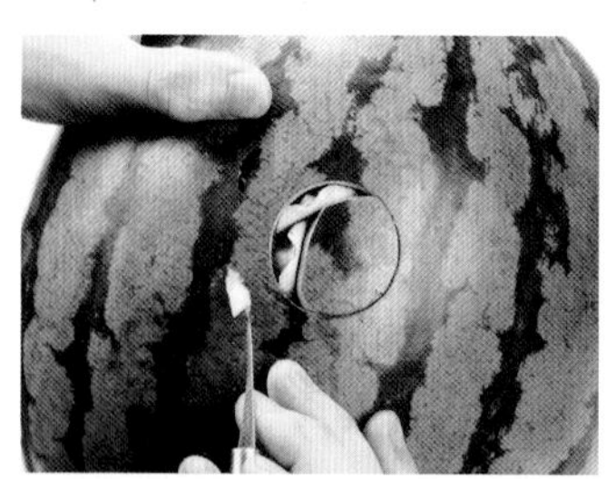

第四步　如此重复雕出第二片花瓣。

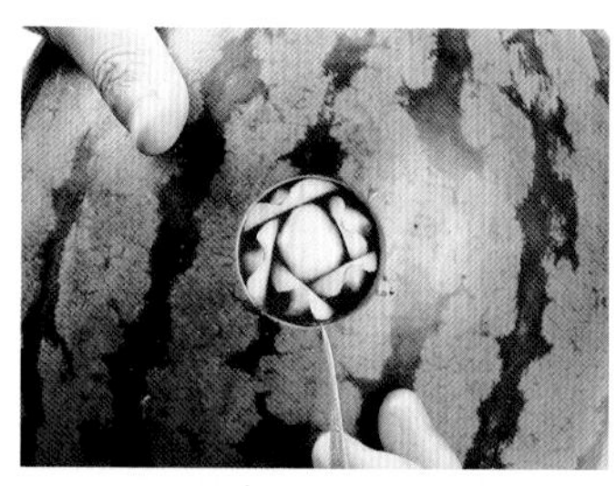

第五步　雕出第一层五片花瓣。

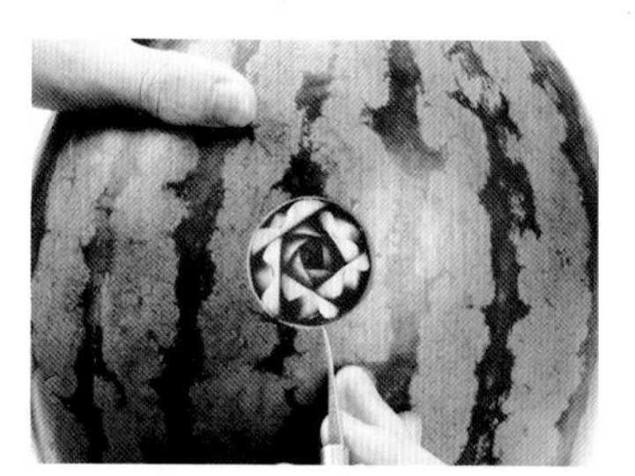

第六步　雕至花心。

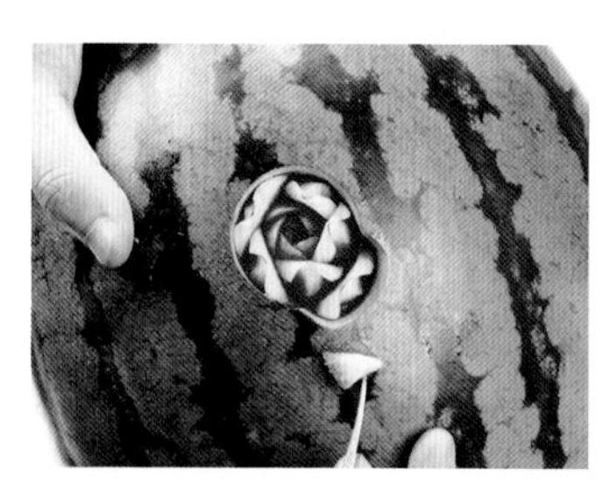

第七步　向外再雕出一片外翻花瓣。

第八步　雕出一圈五片花瓣后，斜刀剔下一圈废料。

第九步　雕出两个竹笋叶。

第十步　在两个竹笋叶之间雕出一朵玫瑰花。

第十一步　在外翻花与竹笋叶之间雕出两个叶筋。

第十二步　抖刀雕出一片叶子。

第十三步　再雕出一片叶子，然后在竹笋叶的底下雕出一片牡丹花瓣。

第十四步　再雕出一片牡丹花瓣。

第十五步　抖刀雕出四片波浪形叶子。

第十六步　在外翻花的另一侧雕出一环形带。

第十七步　抖刀雕出重叠的叶片。

第十八步　再雕出一朵玫瑰花。

第十九步　雕出几片牡丹花的花瓣。

第二十步　再雕出半圈小旗形状的叶片。

第二十一步　再雕出两个叶筋。

第二十二步　抖刀雕出三片叶子。

第二十三步　雕出一个小鸡蛋花。

第二十四步　再向外抖刀雕出五片花瓣。

第二十五步　抖刀雕出一片叶子。

第二十六步　雕出一片羽毛状花瓣。

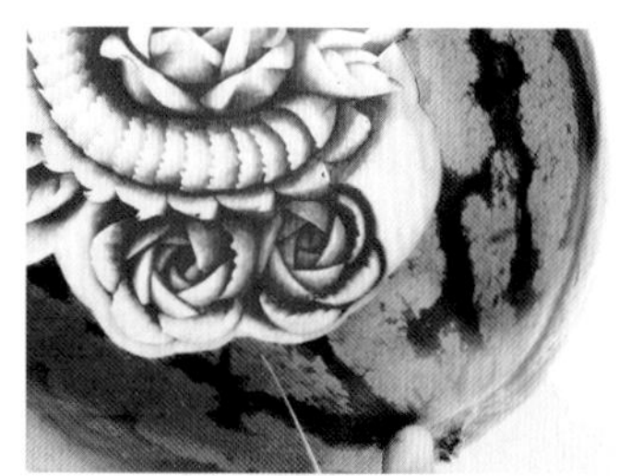
第二十七步　再依次雕出两朵玫瑰花。

第二十八步　雕出一个竹笋叶和圆形花瓣。

第二十九步　雕出两个海马图案。

第三十步　在海马图案的下面再雕一片羽毛状花瓣。

第三十一步　再抖刀雕出四片叶子。

第三十二步　抖刀雕出两片连体圆叶片。

第三十三步　在波浪叶的下面剔去废料。

第三十四步　雕出一片竹笋叶。

第三十五步　雕出一片牙齿叶，剔去废料。

第三十六步　完整地剔去一圈废料。

第三十七步　在切面上雕出人字形图案。

第三十八步　直刀雕出几个心形图案。

第三十九步　从侧面下刀切断心形图案的底部，取出废料。

第四十步　完成。

14. 轨迹

第一步　用刀雕出S形。

第二步　雕出水滴形叶子。

第三步　剔下叶子周围的余料。

第四步　用圆规画出两个圆。

第五步　斜刀剔下一圈废料。

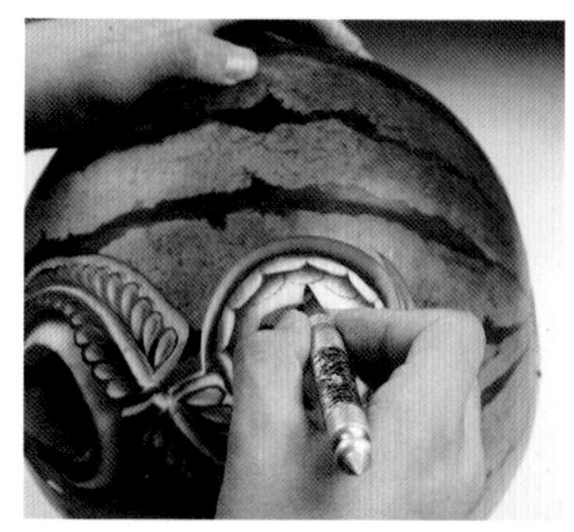

第六步　逐层雕出花瓣。

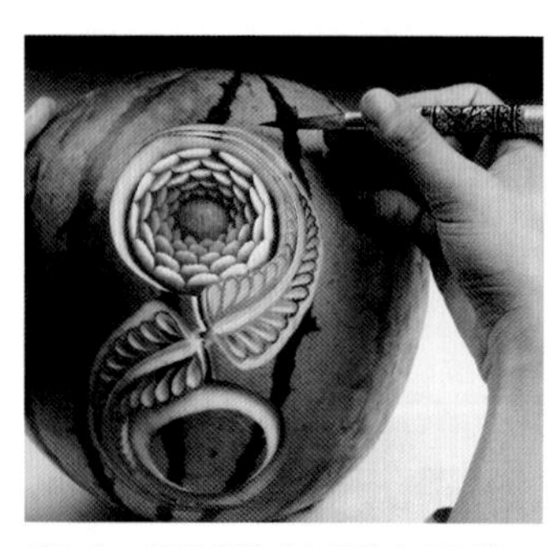

第七步　将花心雕成突起的小丘形状。

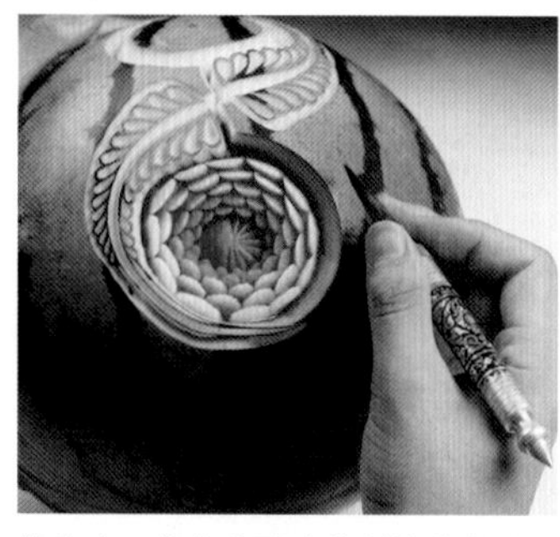

第八步　将花心雕成放射线状花纹。

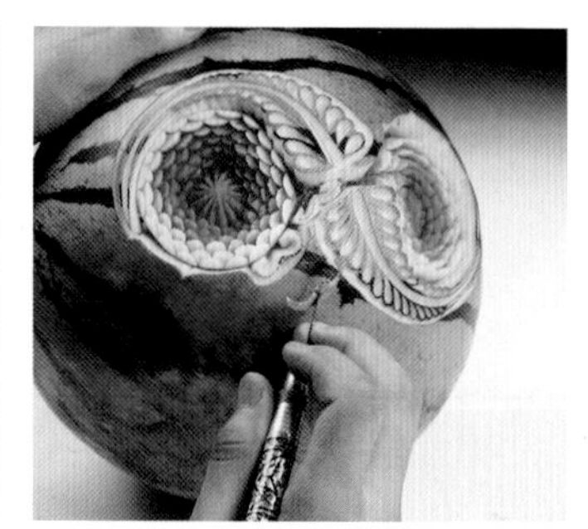

第九步　雕出3字形波浪纹。

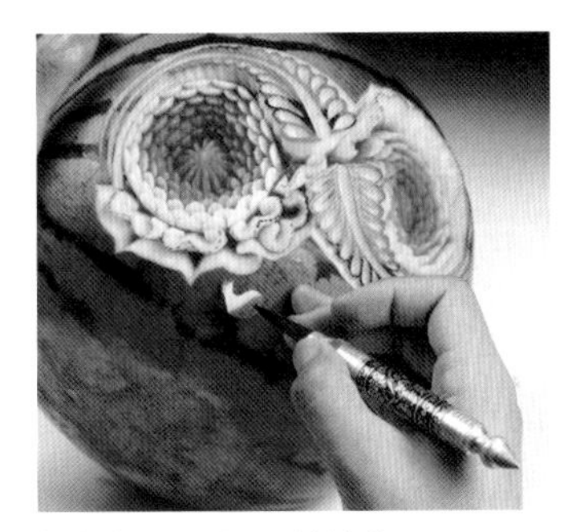

第十步　再雕一层波浪纹。

第十一步　雕出心形。

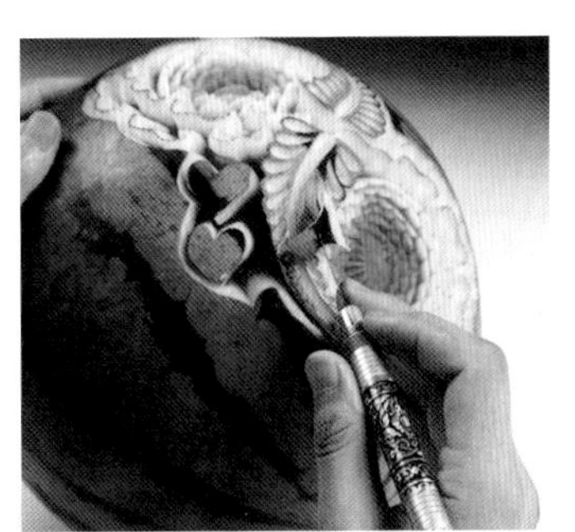

第十二步　从大到小再雕几个心形。

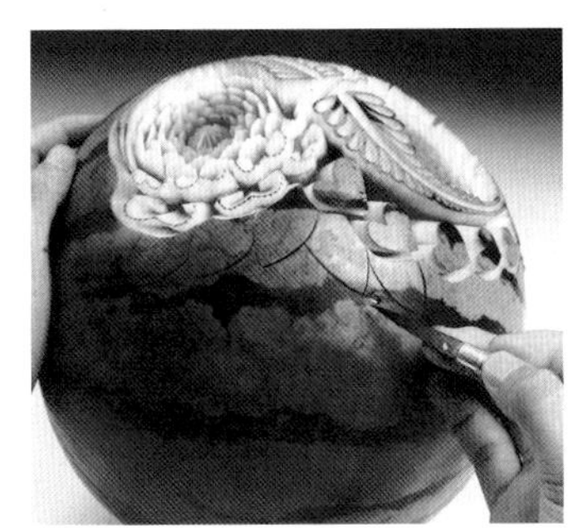

第十三步　雕出几个叶子的轮廓。

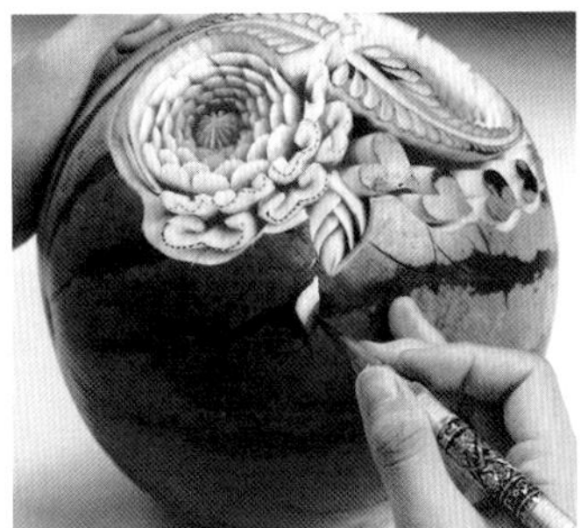

第十四步　雕出竹笋叶。

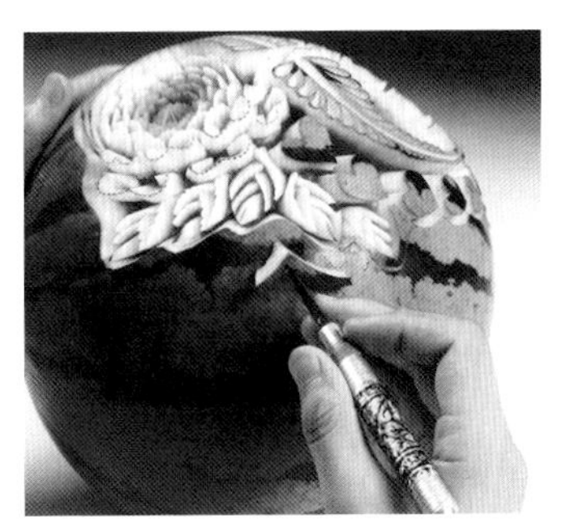

第十五步　再雕几个竹笋叶。

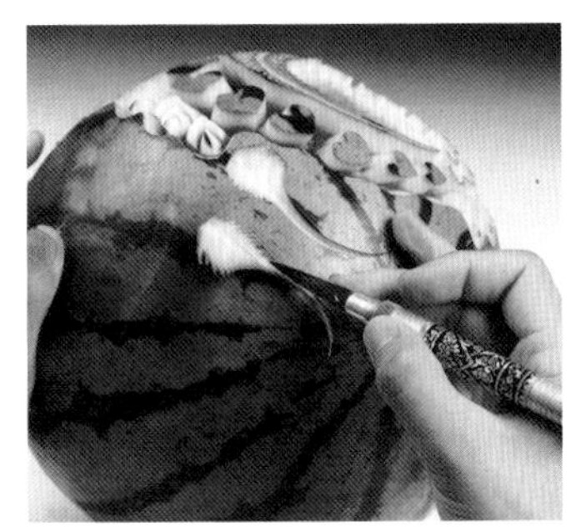

第十六步　雕下几个叶子。

第十七步　剔下一圈废料。

第十八步　雕一圈波浪线，插上叶子。

第十九步　完成。

15. 情满中秋

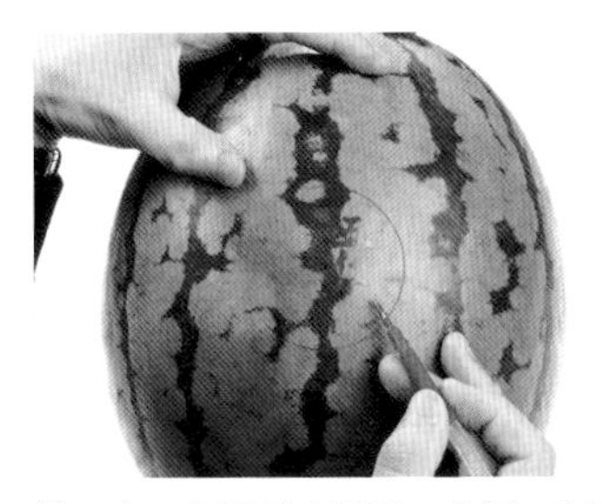

第一步　在西瓜表面画一个圆，在圆内写上“五仁”两个字。

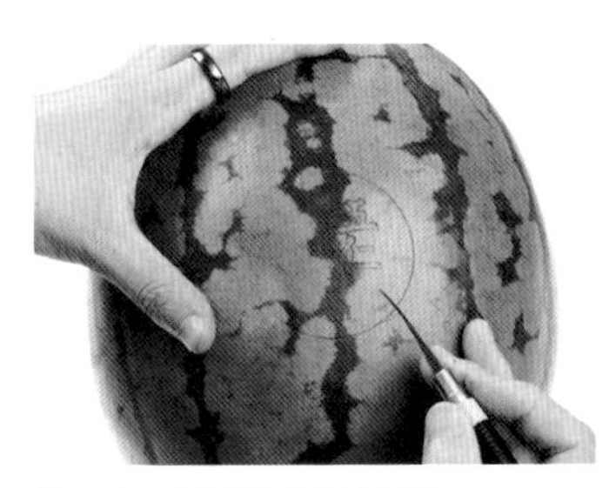

第二步　直刀雕出字的轮廓。

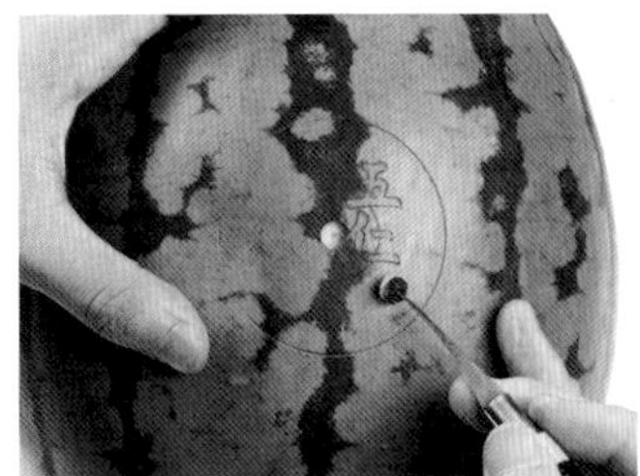

第三步　再用圆规画出一个小圆，在中心雕出一小锥形坑。

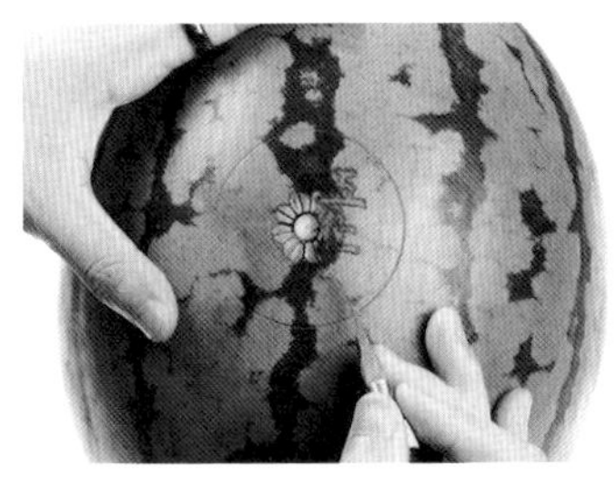

第四步　雕出八个麦粒状的花瓣。

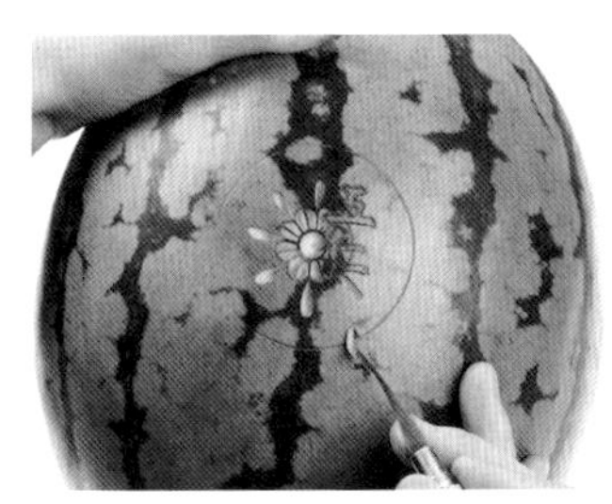

第五步　雕出水滴状花瓣。

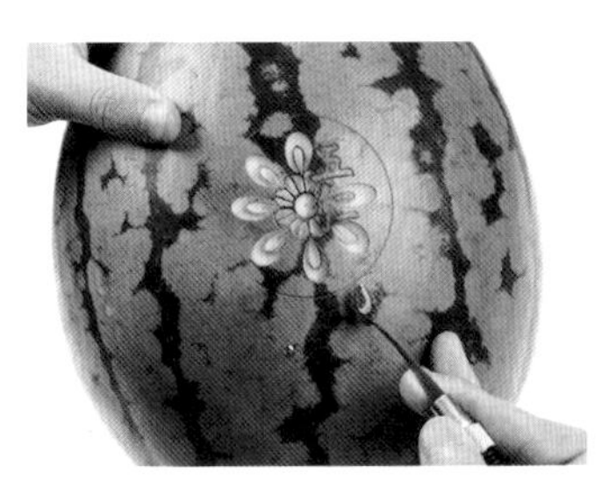

第六步　再雕一圈水滴状花瓣。

第七步　在花瓣中间雕出实心的水滴形，然后剔下圆花瓣形的废料。

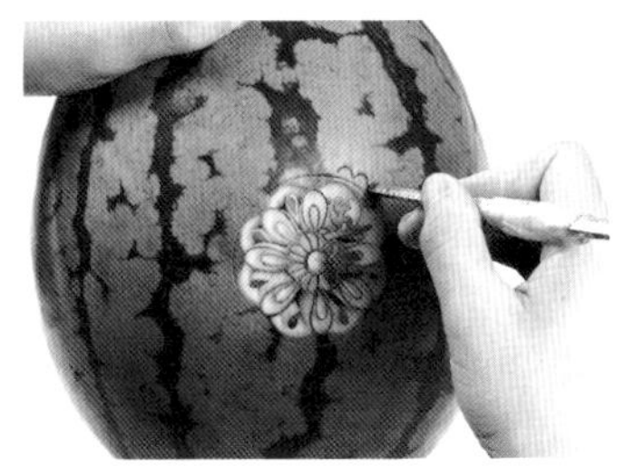

第八步　先直刀雕出花瓣，然后用U形戳刀在圆外戳一圈花牙。

第九步　向内斜刀剔一圈废料。

第十步　斜刀剔一圈废料。

第十一步　向外斜刀雕若干圆弧。

第十二步　抖刀雕出尖形花瓣。

第十三步　两个花瓣一组，雕出翅膀状大花瓣（图中右侧缺了一片尖花瓣，只能单独雕出）。

第十四步　向外雕出V字形。

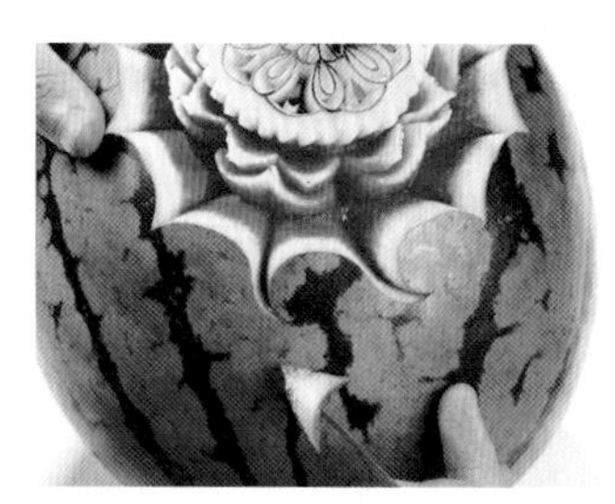

第十五步　雕出波浪形。

第十六步　雕出人字形图案。

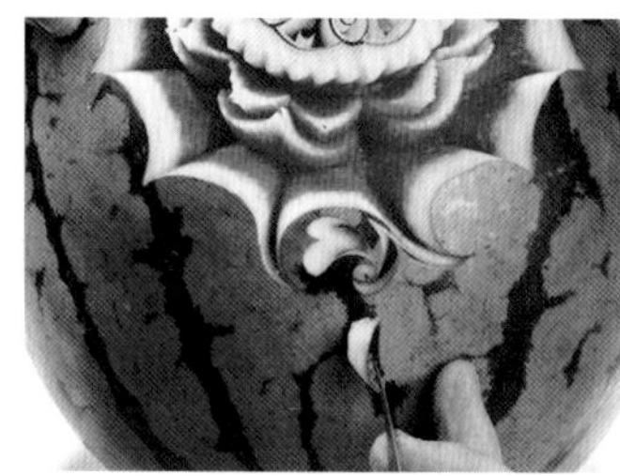

第十七步　雕出旋转的心形。

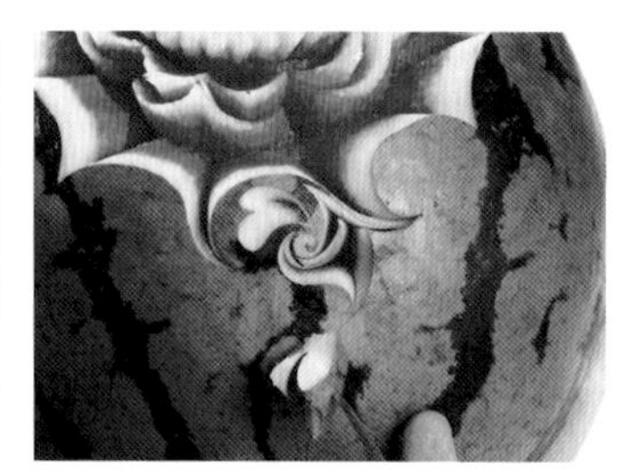

第十八步　在人字形下面雕出V形废料。

第十九步　雕出S形曲线。

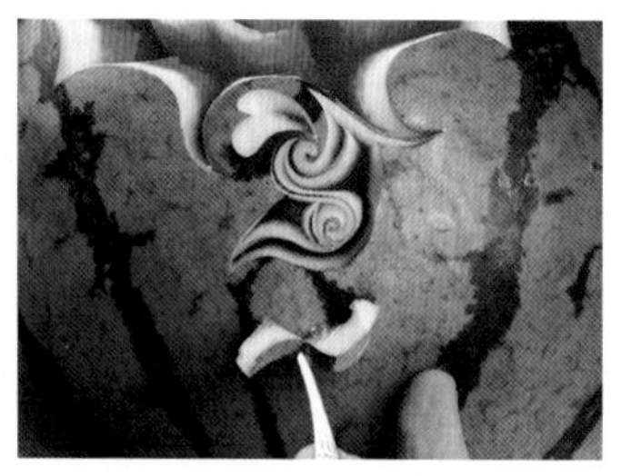

第二十步　向左雕出一段波浪线，剔去周边废料。

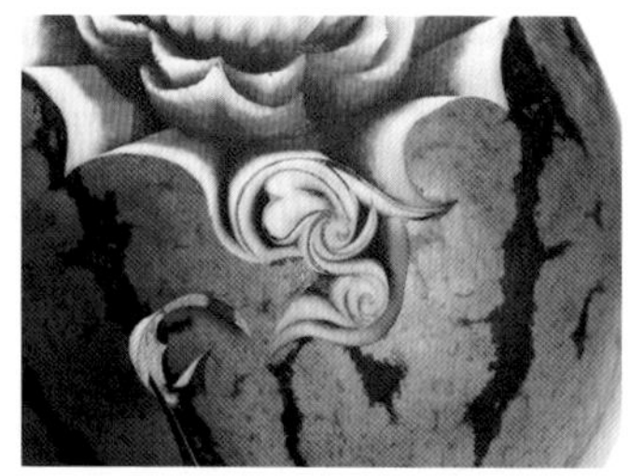

第二十一步　雕出心形图案边缘，剔去周边废料。

第二十二步　在下一个位置雕出相同图案。

第二十三步　如此重复雕出一圈图案。

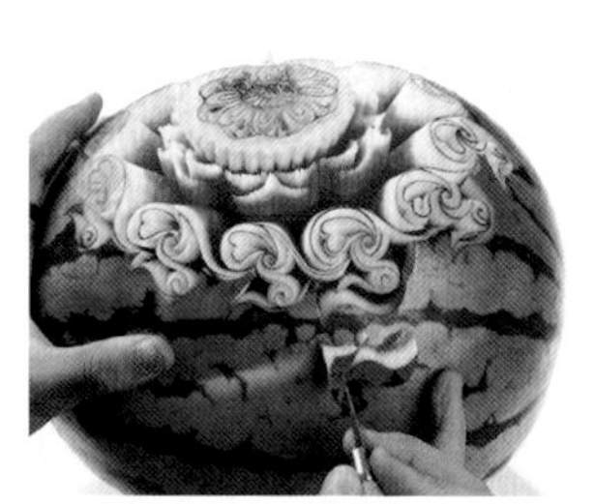

第二十四步　在图案下面斜刀雕下一波浪形废料。

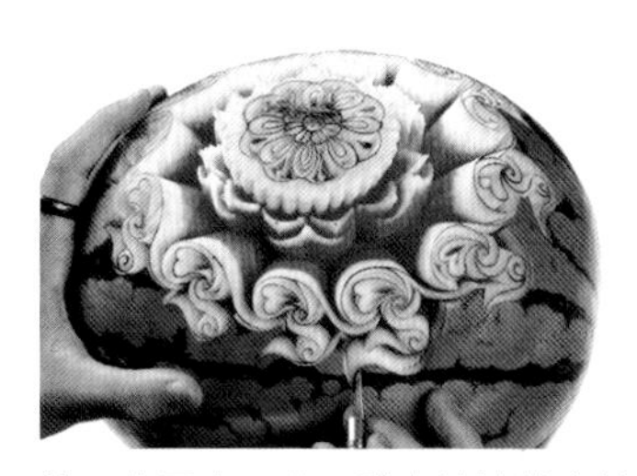

第二十五步 直刀雕出波浪线（前半段抖刀，后半段带绿皮）。

第二十六步 雕完一圈后再错位雕出第二圈相同波浪线。

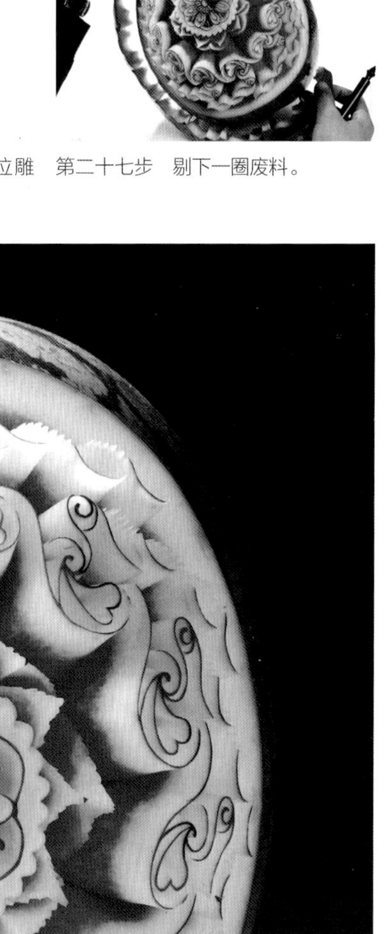

第二十七步 剔下一圈废料。

第二十八步 完成。

16. 水中花

第一步　用圆规在西瓜表面画三个同心圆。

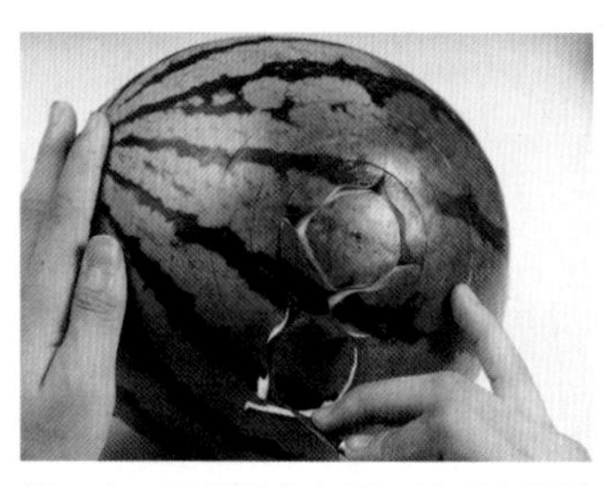
第二步　直刀雕出小圆，然后向里雕出四片花瓣轮廓。

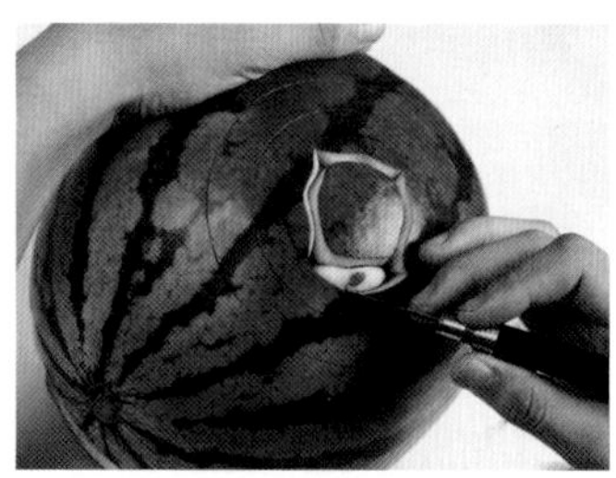
第三步　将花瓣两端修尖。

第四步　旋刀雕出外翻花瓣。

第五步　向里雕出花心。

第六步　在第二个圆内雕出一层花瓣轮廓。

第七步　雕出外翻花瓣。

第八步　雕出一圈小齿轮花边。

第九步　向外雕出一圈齿状波浪纹。

第十步　再向外雕出一圈波浪纹。

第十一步　剔下一圈废料。

第十二步　再雕一圈波浪纹。

第十三步　共雕出三、四圈波浪纹即可。

17. 寿比南山

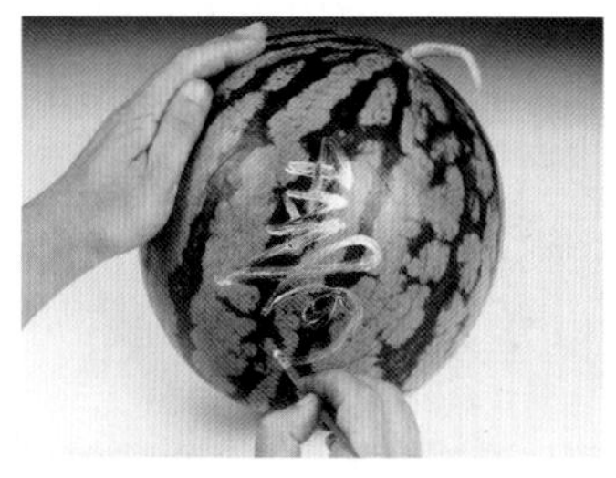

第一步　用圆规在西瓜表面画一个圆，然后在圆中间写上寿字。

第二步　雕出寿字，直刀雕出圆，向内雕出一圈齿状环，剔一圈废料。

第三步　在寿字外圈压出一圈小圆。

第四步　雕出小圆轮廓。

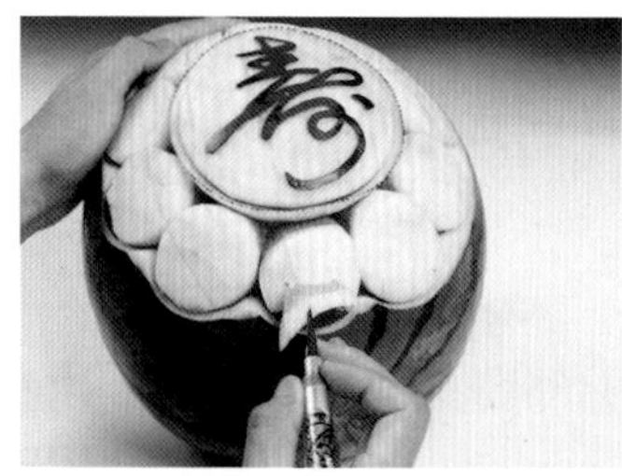

第五步　斜刀雕下一月牙形原料。

第六步　直刀雕下圆形花瓣，然后剔下一条废料。

第七步　直刀雕出一片花瓣，然后剔一条废料，如此重复雕出第一层花瓣。

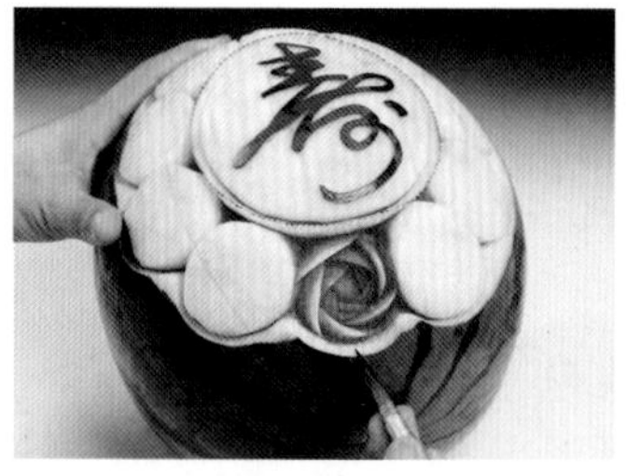

第八步　雕出第二层花瓣，直至收心。

第九步　雕出一圈玫瑰花。

第十步　在花的外面雕出双波浪纹。

第十一步　在双波浪纹的外面再雕出波浪形花叶。

第十二步　摆放造型。

第十三步　完成。

18. 心花盛开

第一步　在西瓜表面画圆，然后直刀雕出这个圆。

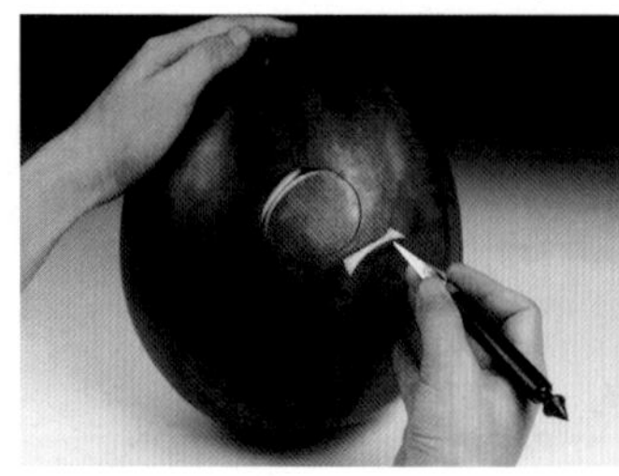

第二步　斜刀雕下一月牙形原料，直刀雕出花瓣，再剔下一条废料。

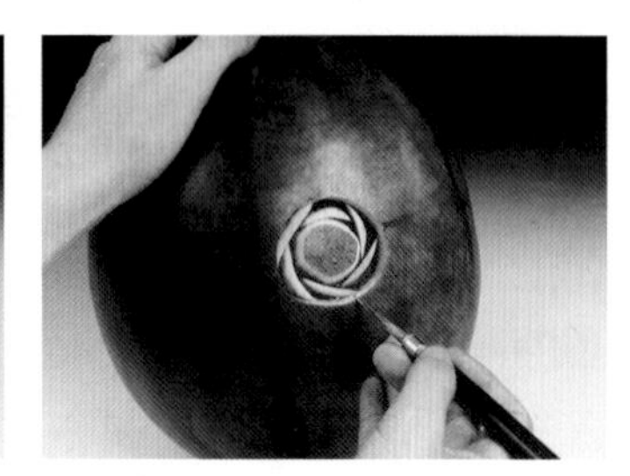

第三步　雕出第一层花瓣。

第四步　再雕出第二层花瓣直至收心，然后向外雕出一片花瓣。

第五步　雕出一圈花瓣。

第六步　雕出一圈旋转的花瓣。

第七步　旋刀雕出水滴形。

第八步　再旋刀雕出小圆孔。

第九步　雕出月牙形。

第十步　再雕出一段波浪形。

第十一步　雕出一箭头。

第十二步　雕出水滴形。

第十三步　在水滴前端雕一月牙形。

第十四步　再雕一月牙形。

第十五步　直刀雕出花纹的外缘。

第十六步　直刀雕出五个大的半圆。

第十七步　削去瓜皮后直刀雕出一个圆。

第十八步　雕出月季花。

第十九步　雕出一圈月季花。

第二十步　雕出一心形。

第二十一步　在心形外面再雕出一月牙形。

第二十二步　雕出两段月牙形。

第二十三步　抖刀雕出齿状边。

第二十四步　再雕出两个月牙形和三个小水滴形。

第二十五步　完成。

19. 誓言

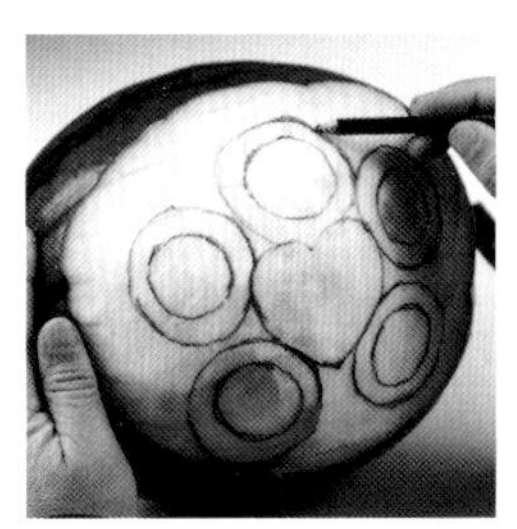

第一步　西瓜削皮，然后画出一个心形和五组同心圆。

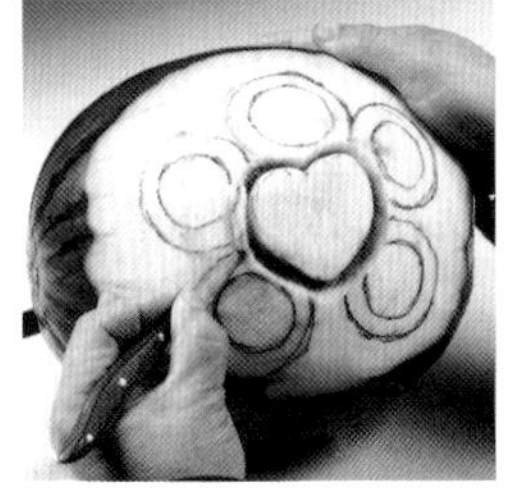

第二步　直刀雕出心形，斜刀雕下周围废料。

第三步　将心形边缘修光滑。

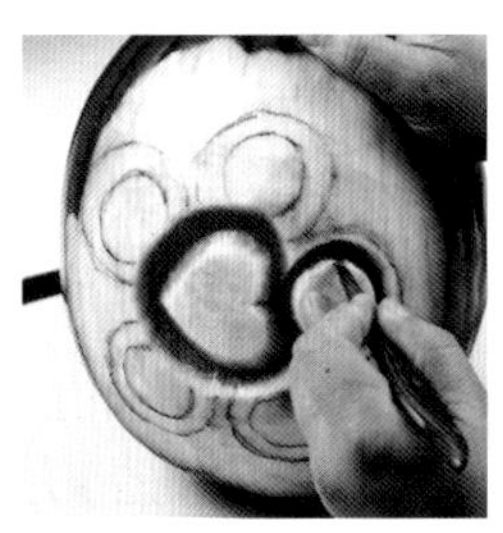

第四步　直刀雕出小圆，向外剔一圈废料。

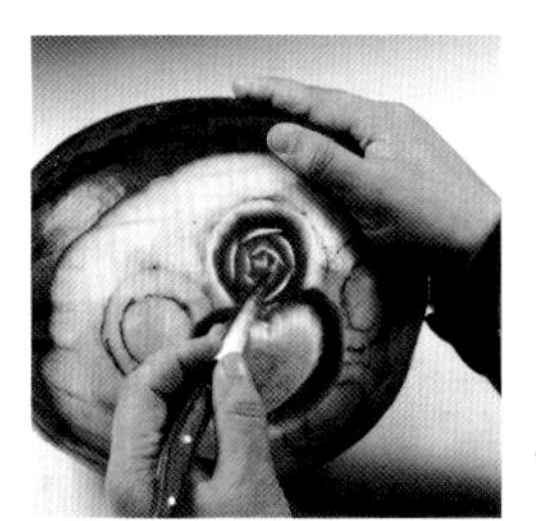

第五步　雕出玫瑰花心。

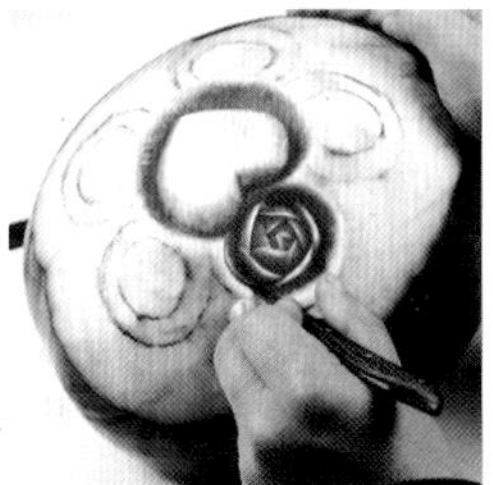

第六步　直刀雕出外层花瓣。

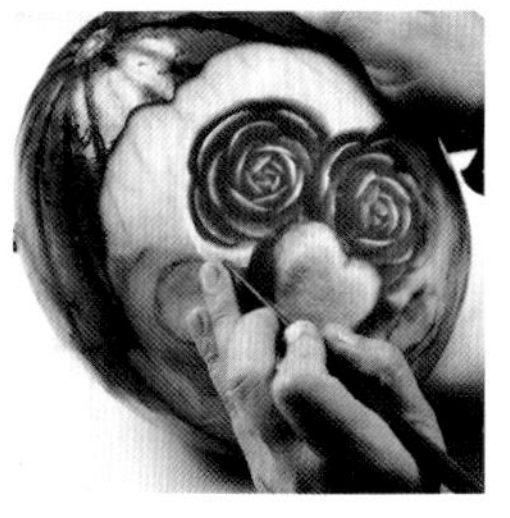

第七步　再向外雕出一层花瓣。

第八步　雕出心形外面的五朵花。

第九步　在两朵花之间雕出一个心形。

第十步　再雕出几片叶子。

第十一步　完成（可在心形表面雕上文字）。

20. 飞扬

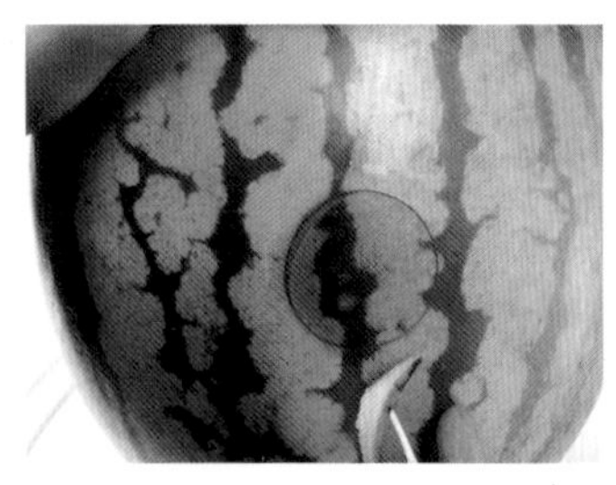

第一步　用圆规在西瓜表面画个圆，直刀雕出圆，斜刀雕下一条废料。

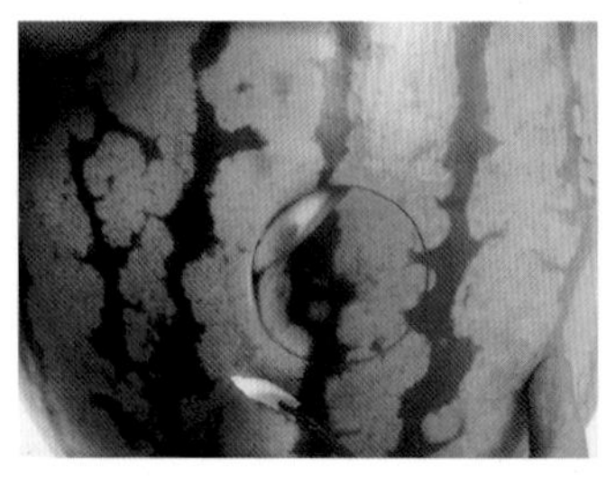

第二步　直刀雕出一个花瓣，将花瓣两端削成尖形呈枣核状。

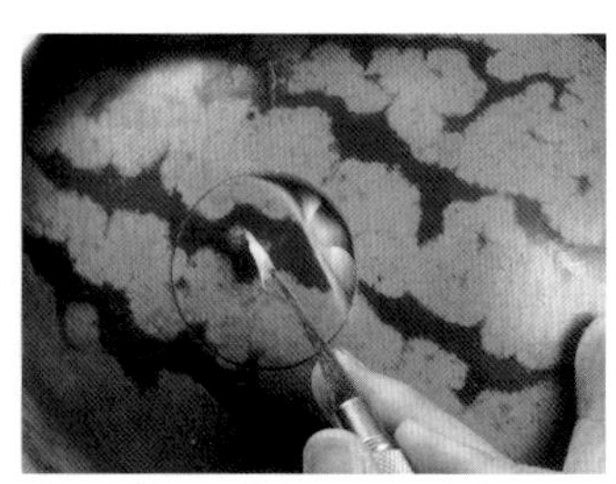

第三步　旋转刀尖雕出外翻花瓣。

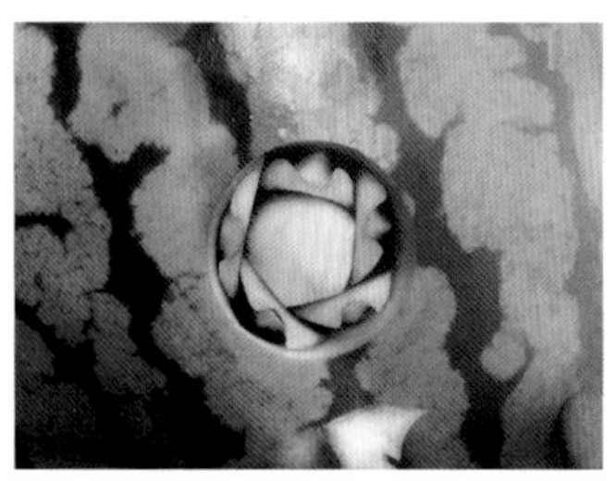

第四步　如此重复雕出第一层五片花瓣。

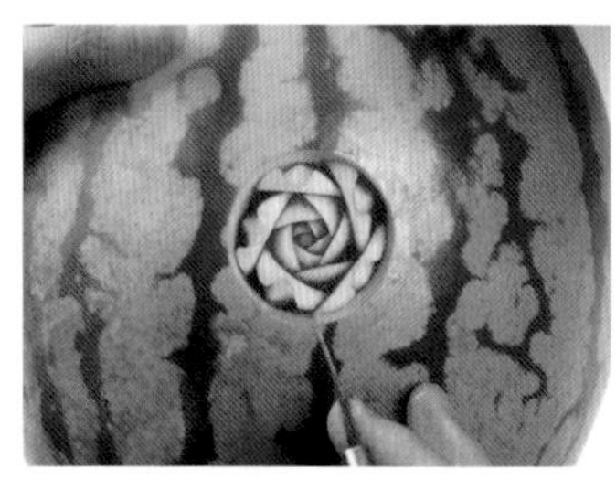

第五步　雕至花心。

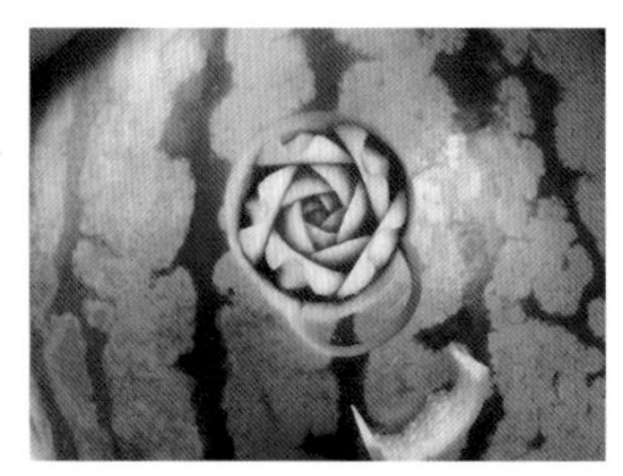

第六步　向外雕出一片花瓣轮廓。

第七步　将两端修尖，然后雕出外翻花瓣。

第八步　雕出五片外翻花瓣后，雕出一竹笋叶轮廓。

第九步　雕出竹笋叶，然后在右面斜刀雕出一波浪线。

第十步　抖刀雕出一段曲线。

第十一步　在末端雕出螺旋卷。

第十二步　在竹笋叶左侧雕出一波浪线。

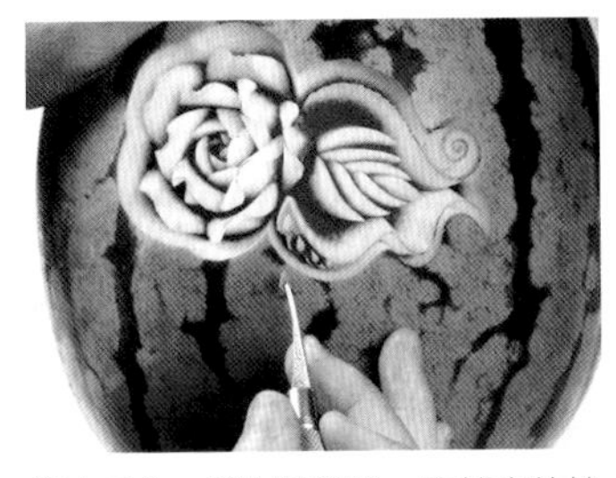
第十三步　雕出波浪线，在较宽的地方雕出三个小水滴。

第十四步　在花的另一侧雕出竹笋叶。

第十五步　再雕出波浪螺旋卷。

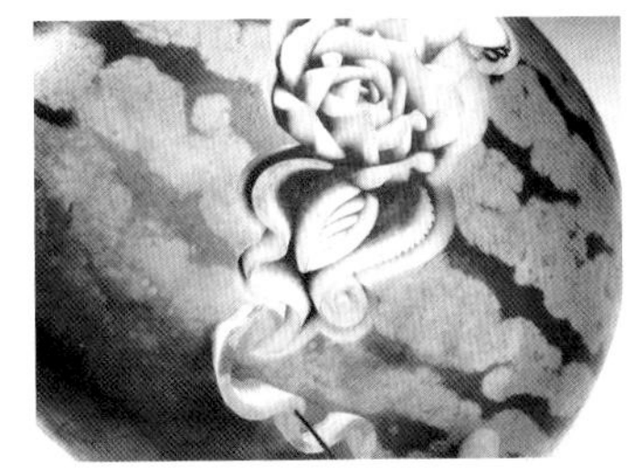
第十六步　在竹笋叶的左侧雕出波浪卷。

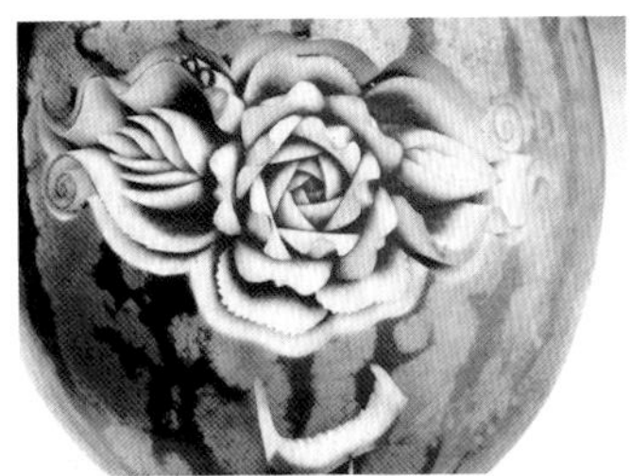
第十七步　在花的下面抖刀雕两片叶子。

第十八步　在花的另一侧雕一小圆。

第十九步　在小圆内雕出玫瑰花。

第二十步　在玫瑰花的外面抖刀雕出几片圆花瓣。

第二十一步　再雕出一小玫瑰花。

第二十二步　再雕出两片外翻花瓣。

第二十三步　在花的下面抖刀雕出两片人字形叶片。

第二十四步　剔下圆弧形废料。

第二十五步　抖刀雕出一片V字形叶子。

第二十六步　在V形叶的下面再雕出圆形叶片和尖形图案（雕5个）。

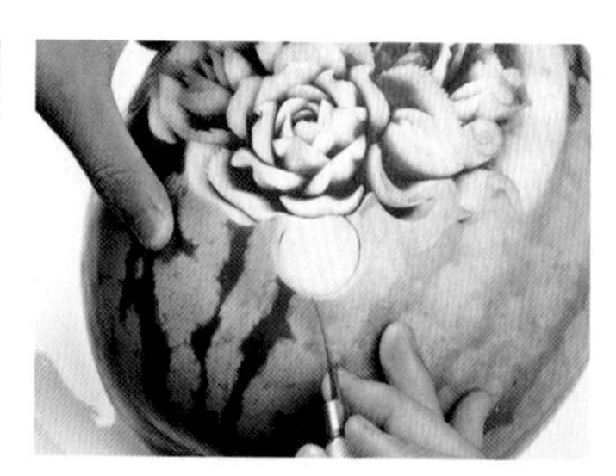

第二十七步　在花的另一侧，雕出一小圆。

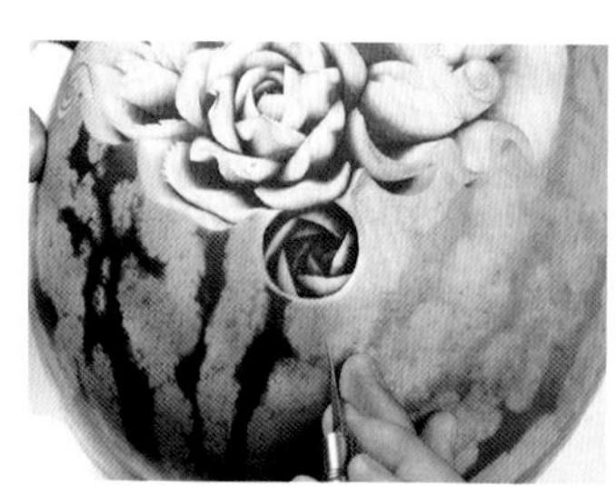

第二十八步　在圆内雕出玫瑰花。

第二十九步　再抖刀雕出几片圆花瓣。

第三十步　再直刀雕出一圆。

第三十一步　在圆内雕出玫瑰花。

第三十二步　在玫瑰花的外面雕出一牙状花瓣。

第三十三步　如此重复雕出一圈牙状花瓣。

第三十四步　在两朵花的外面剔下一圈废料。

第三十五步　再平行剔下一条废料，雕出一环带。

第三十六步　在环带上抖刀雕出一个叶片。

第三十七步　重复雕出一圈齿状叶片。

第三十八步　再向外抖刀雕出一圈尖形平叶片。

第三十九步　在花的另一侧底面上雕出齿。

第四十步　完成。

21. 华美

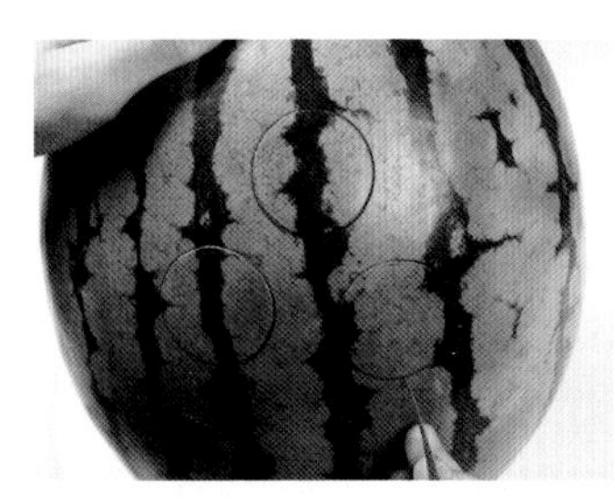

第一步 在西瓜表面画三个圆，然后直刀雕出这三个圆。

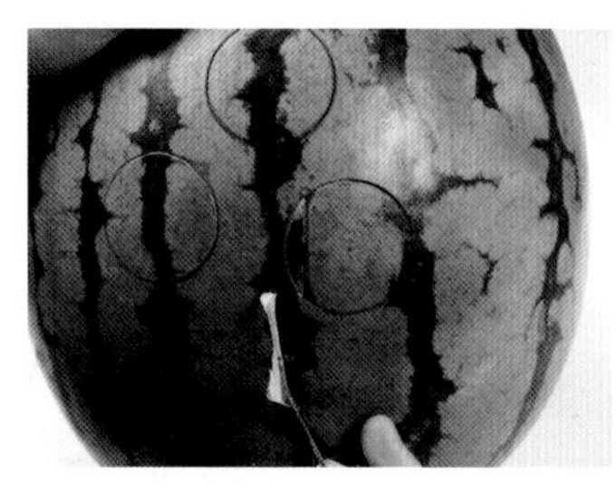

第二步 直刀雕出花瓣。

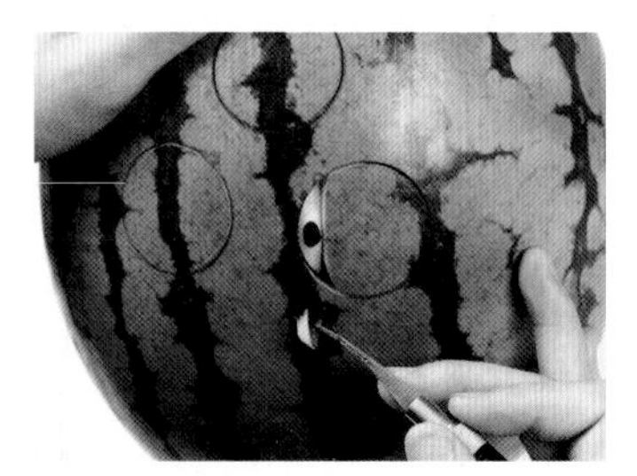

第三步 将花瓣两端修尖呈枣核状。

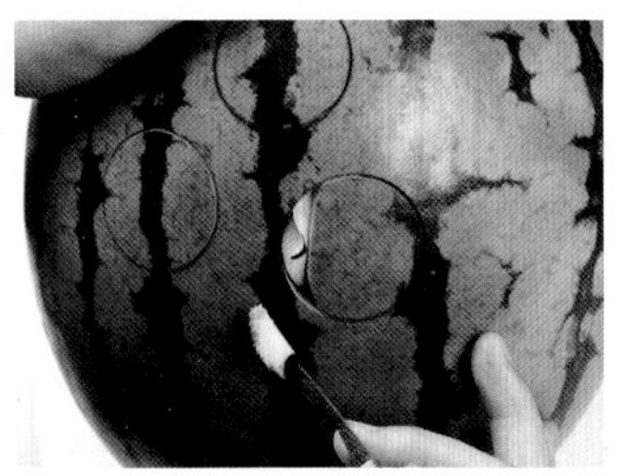

第四步 旋转刀尖雕出一片外翻花瓣的一侧。

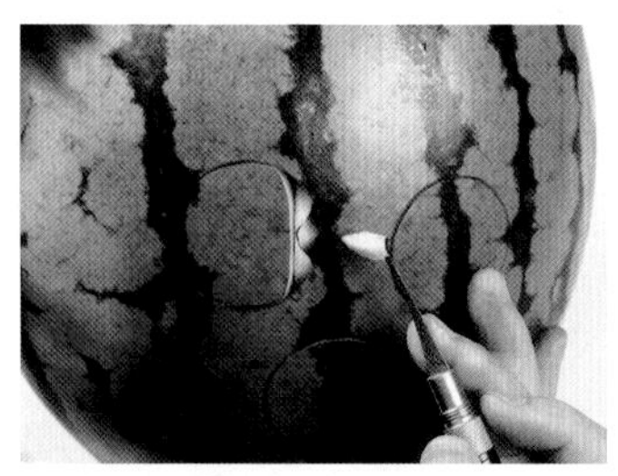

第五步 再雕出外翻花瓣的另一侧。

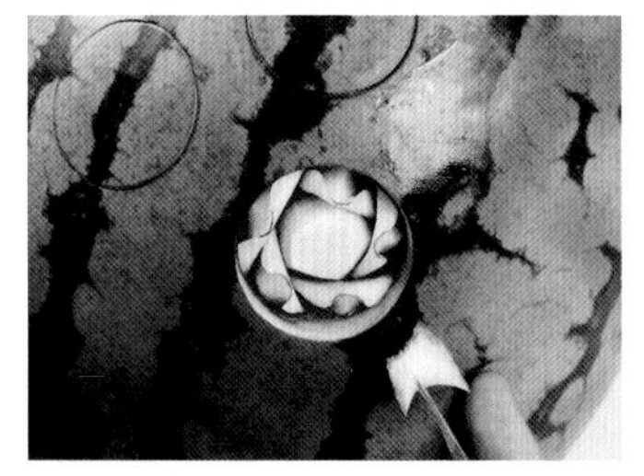

第六步 如此重复雕出第一圈五片花瓣。

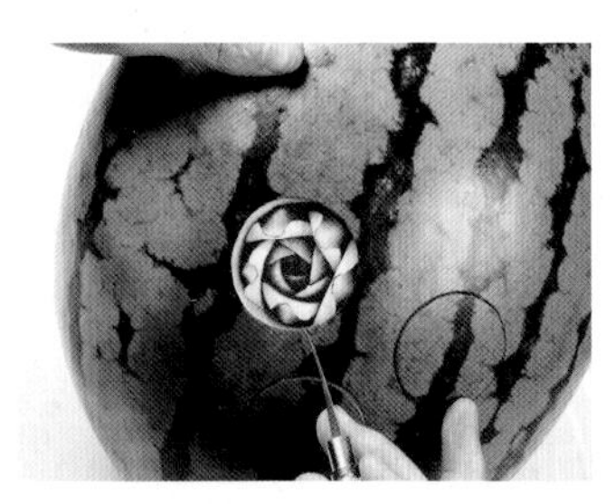

第七步 雕至花心。

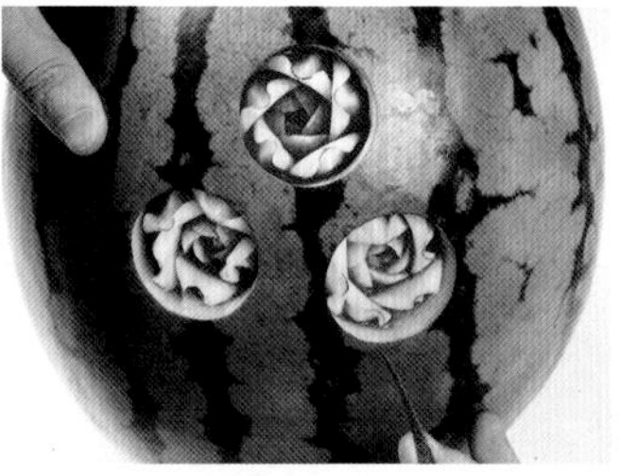

第八步 雕出另外两朵花。

第九步 在每朵花的外面再雕出一圈外翻花瓣，然后剔去一圈废料。

第十步 在两朵花之间雕出一竹笋叶轮廓。

第十一步 雕出竹笋叶。

第十二步 在竹笋叶侧面斜刀雕下一波浪形废料。

第十三步　抖刀雕出一片叶子，叶子末端雕出螺旋卷。

第十四步　在竹笋叶的另一侧先雕一心形，然后再雕出一波浪线。

第十五步　雕出波浪线条。

第十六步　如此重复雕出另外两个图案。

第十七步　雕出小水滴。

第十八步　在小水滴的两侧雕出对称的波浪形。

第十九步　再向两侧雕出对称的波浪线。

第二十步　雕出波浪线条后顺势雕出两个圆形孔。

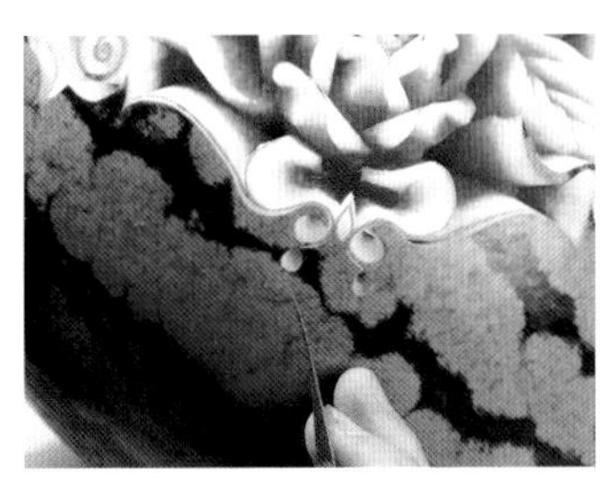

第二十一步　再雕出两个水滴。

第二十二步　再雕出一个倒着的心形。

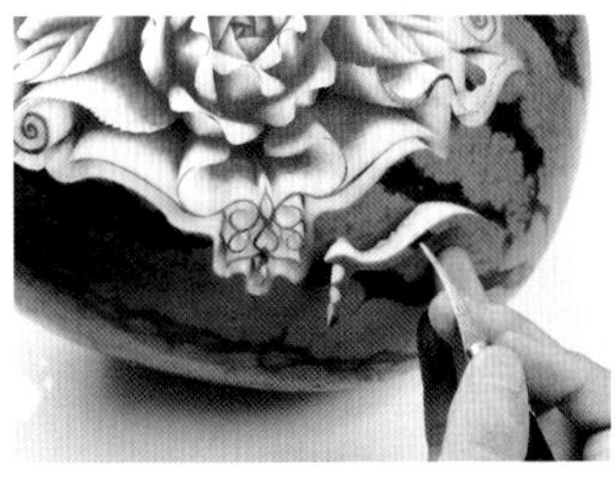

第二十三步　雕出如图所示的图案后，剔去周围废料。

第二十四步　如此重复雕出另外两个图案。

第二十五步　雕出一个V形槽。

第二十六步　在V形槽的一侧雕出一水滴，再雕出一三角形。

第二十七步　旋刀雕出一圆孔。

第二十八步　在V形槽的另一侧抖刀雕出一片叶子。

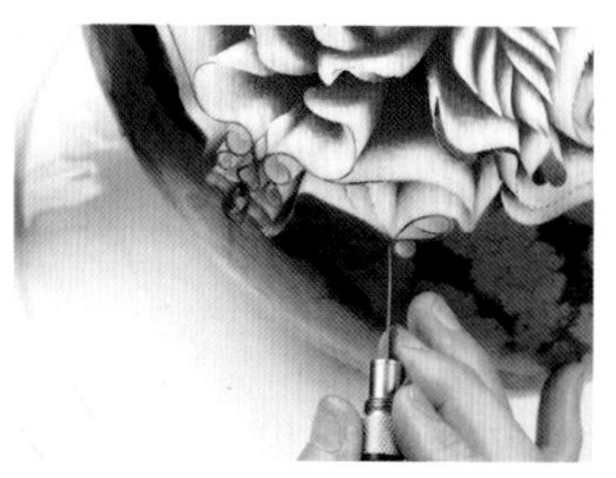

第二十九步　再抖刀雕出一片叶子。

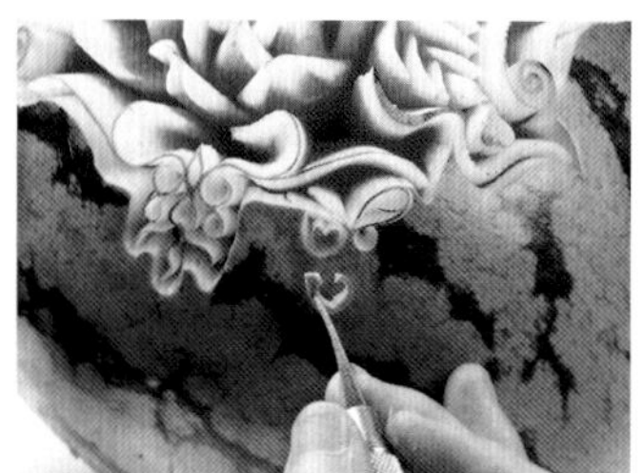

第三十步　雕出一小心形。

第三十一步　在心形的下面抖刀雕出一月牙，然后剔下废料。

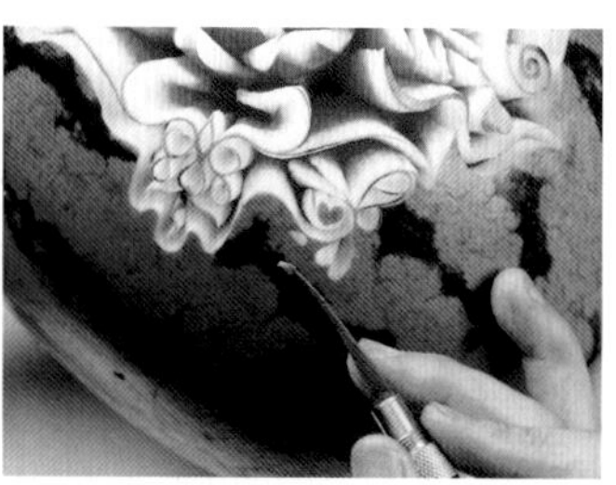

第三十二步　雕出一心形和水滴。

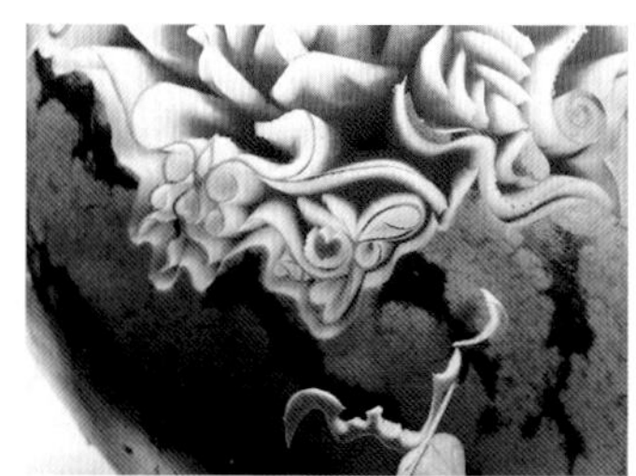

第三十三步　剔下一圈废料。

第三十四步　抖刀雕出一波浪卷（末端为水滴形）。

第三十五步　再雕出四个同样的波浪卷，剔下废料。

第三十六步　如此重复雕出一圈这样的图案，然后剔下一圈废料。

第三十七步　完成。

22. 五福临门

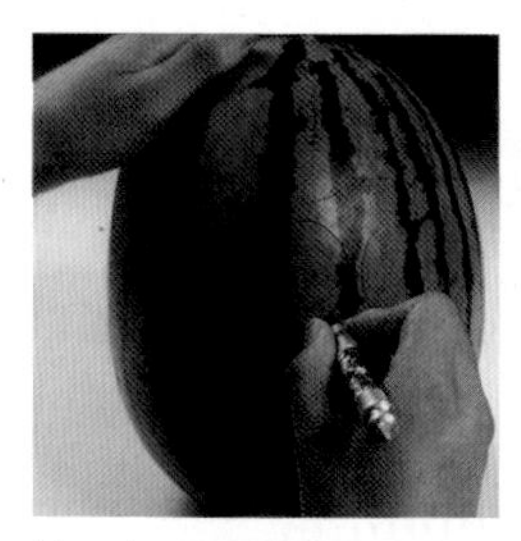

第一步　用圆规在西瓜表面画一个圆，然后在其上下左右各画一个圆，直刀雕出第一个圆。

第二步　雕出第一层五片花瓣。

第三步　雕出第二层花瓣，直至收心。

第四步　斜刀向外雕下一月牙形原料，然后直刀雕出花瓣。

第五步　雕出这一层五片花瓣，剔下一圈废料。

第六步　雕出五片花瓣的轮廓。

第七步　将花瓣的两端修尖呈现枣核状。

第八步　用旋刀法雕出外翻花瓣，然后雕出花心。

第九步　雕出四朵外翻玫瑰花。

第十步　雕出花叶轮廓。

第十一步　雕出竹笋叶。

第十二步　抖刀法雕出一个大圆环。

第十三步　拿下废料。

第十四步　直刀雕下大圆环，然后斜刀雕下波浪形废料。

第十五步　直刀雕出波浪纹后，再斜刀雕下V形废料。

第十六步　雕出V形花瓣后，再雕出波浪纹。

第十七步　剔下一大圈废料。

第十八步　插入几片瓜皮雕的叶子即可。

23. 心心相印

第一步　在西瓜的表面画一个圆，然后雕出这个圆，再雕出四个V形槽。

第二步　雕出尖形花瓣，剔废料。

第三步　再雕出重叠的花瓣，然后在两片花瓣之间雕出小一点的尖形花瓣，剔废料。

第四步　再雕出两片圆形小花瓣，剔废料。

第五步　雕出玫瑰花心。

第六步　向外雕出一圈心形。

第七步　雕出两个水滴形状。

第八步　剔去一圈废料。

第九步　雕下波浪形原料。

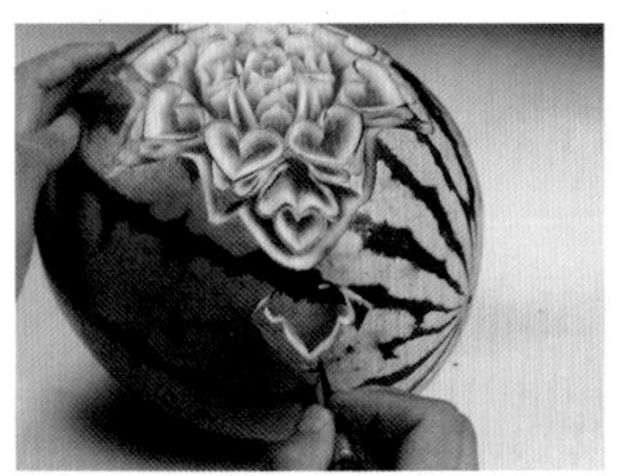

第十步　再雕出心形，剔废料。

第十一步　在两个心形之间雕出三片叶子。

第十二步　雕出波浪纹和水滴形状后，剔下一圈废料。

第十三步　完成。

24. 生命之星

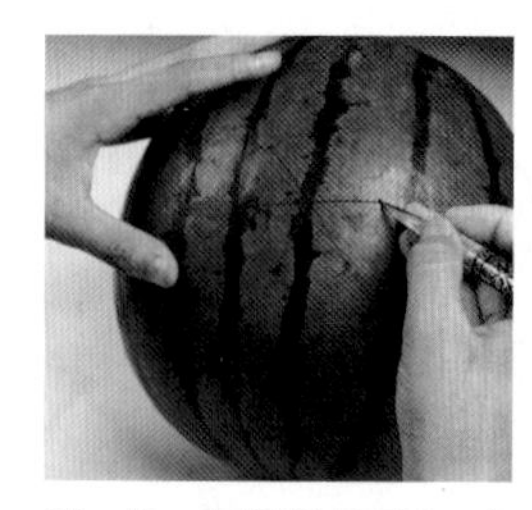
第一步　在西瓜表面画一个圆，然后将圆周平分6份。

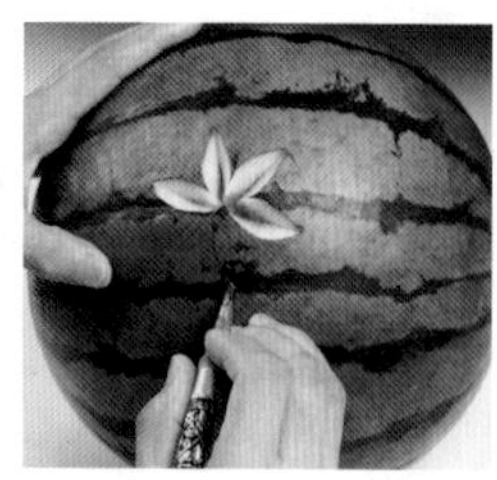
第二步　雕出六个花瓣的雏形。

第三步　直刀雕出六片花瓣，然后剔下一圈废料。

第四步　雕出花瓣之间的菱形块，然后剔废料。

第五步　直刀雕出花瓣。

第六步　在叶尖雕出三个小水滴。

第七步　剔下一圈废料。

第八步　雕出六个圆形花坯。

第九步　雕出六朵玫瑰花。

第十步　雕出一圈齿状环，剔下一圈废料。

第十一步　戳出小圆柱。

第十二步　剔下半圆形废料。

第十三步　雕下如图图案，剔废料。

第十四步　剔一圈废料。

第十五步　完成。

25. 好事成双

第一步　用圆规在西瓜表面画圆，用刀直刀切分八份。

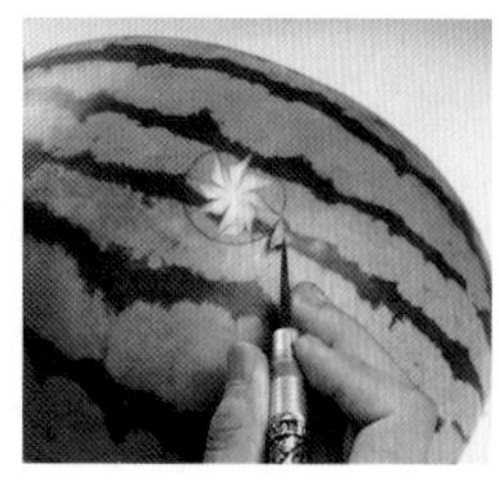
第二步　斜刀雕下波浪形废料，抖刀雕出波浪纹，然后剔废料。

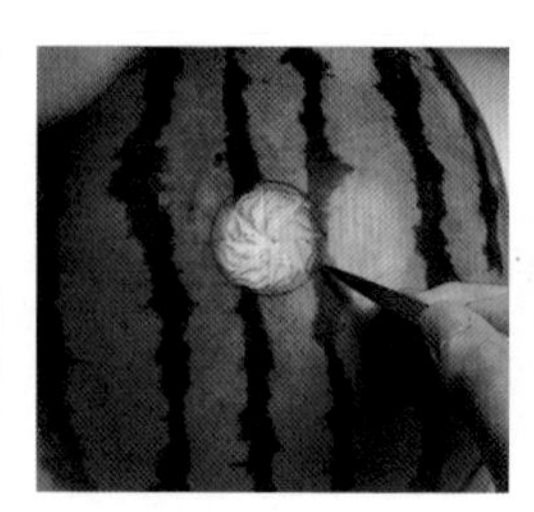
第三步　再抖刀雕出波浪纹，剔废料。

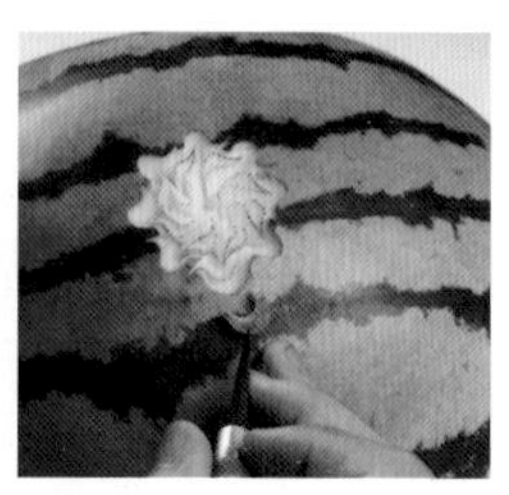
第四步　再向外雕出一层双波浪纹。

第五步　剔废料。

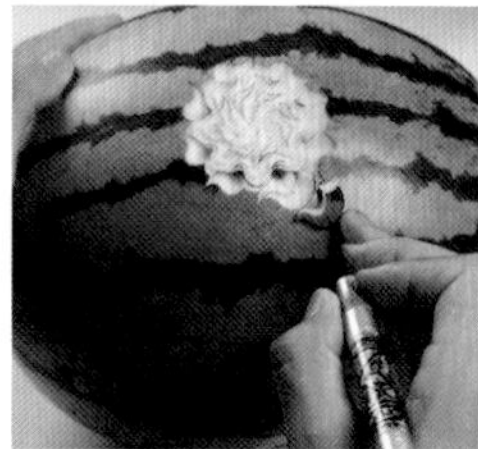
第六步　雕出第三层双波浪纹。

第七步　雕下波浪形原料。

第八步　抖刀雕出第四层双波浪纹。

第九步　继续向下雕波浪形原料。

第十步　雕出第五层双波浪纹。

第十一步　雕出第六层双波浪纹。

第十二步　抖刀雕下几片叶子。

第十三步　剔下一圈废料。

第十四步　插上叶子。

第十五步　完成。

26. 爱满人间

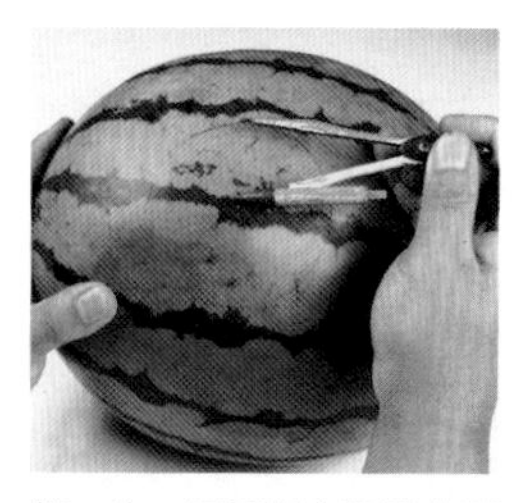
第一步　用圆规在西瓜表面画个圆。

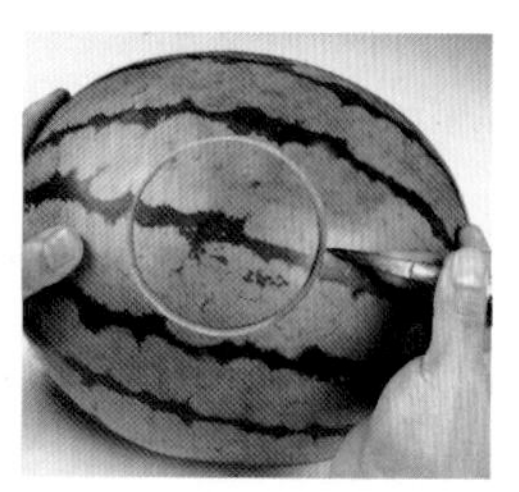
第二步　先直刀后斜刀雕出这个圆。

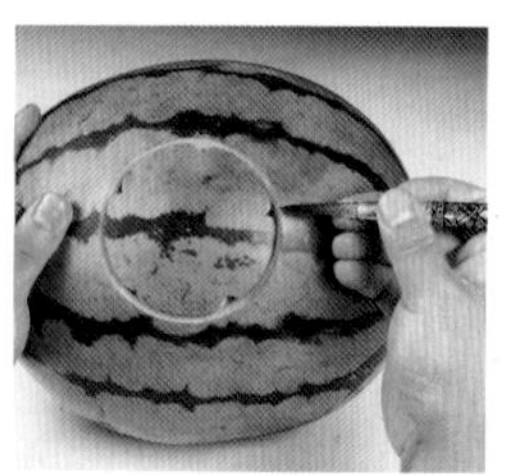
第三步　雕出五个V字形。

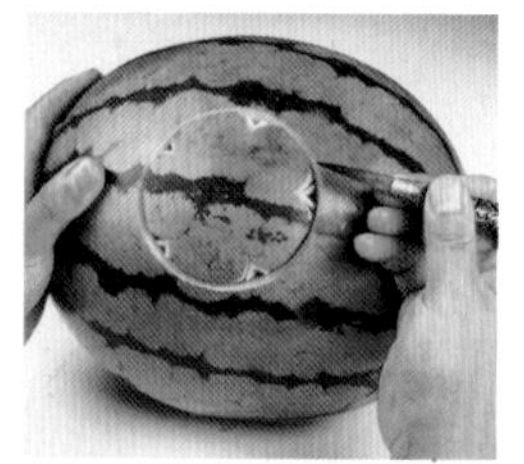
第四步　直刀雕出V形花瓣，剔废料。

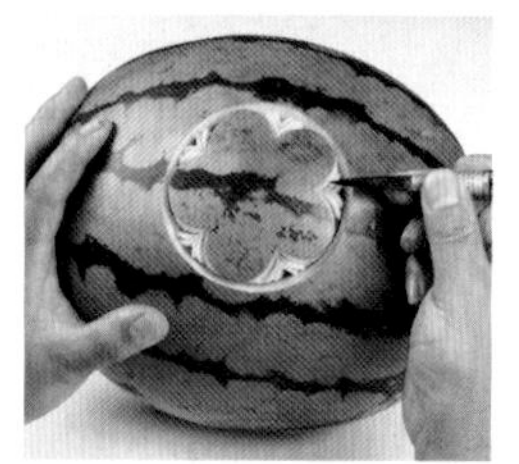
第五步　雕出第二层V形花瓣，剔废料。

第六步　雕出第三层V形花瓣，剔废料。

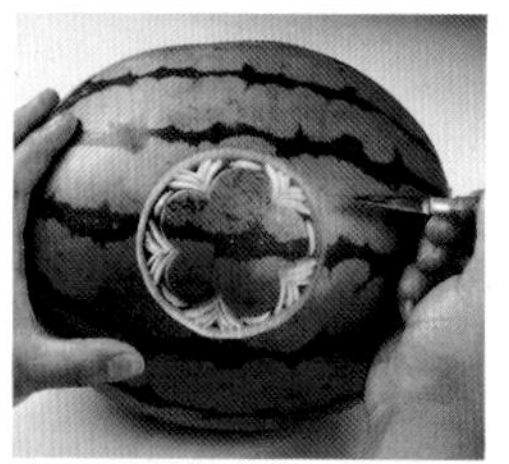
第七步　雕出一圆形花瓣，剔废料。

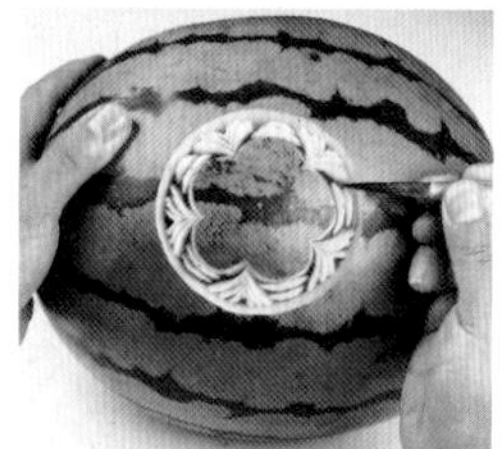
第八步　再雕出一圆形花瓣，剔废料。

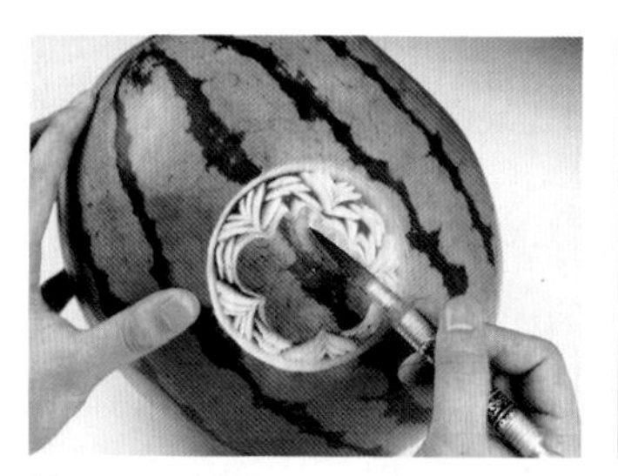
第九步　向内雕出V形原料。

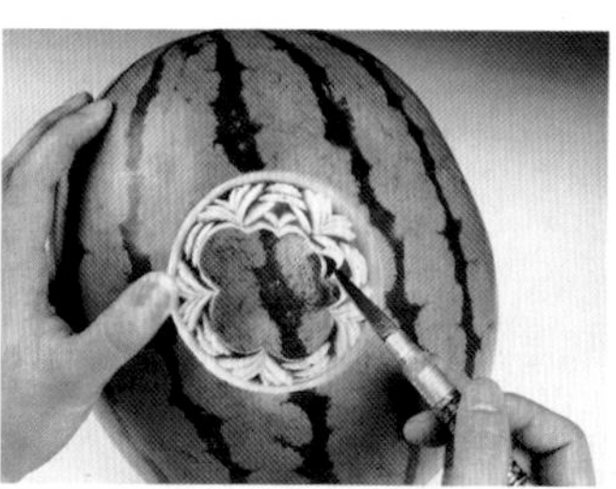
第十步　雕出V形花瓣，剔废料。

第十一步　雕出一圈V形花瓣。

第十二步　将花心部分修成小山丘形状。

第十三步　雕出放射状线条。

第十四步　向外雕出小圆齿。

第十五步　旋刀雕出心形。

第十六步　直刀雕出心形边框，斜刀剔废料。

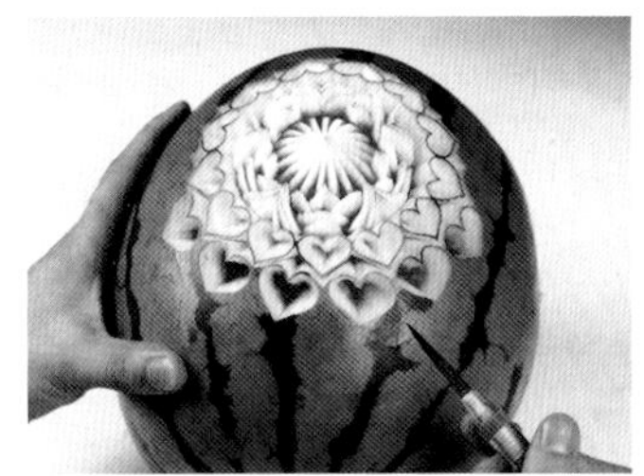
第十七步　再旋刀雕出心形。

第十八步　雕下圆形废料。

第十九步　雕下尖形花瓣，剔废料。

第二十步　再抖刀雕下尖形花瓣，剔废料。

第二十一步　雕下圆形废料。

第二十二步　在切面上直刀表面上雕出心形。

第二十三步　再雕出一个大的心形。

第二十四步　平刀剔下废料，留下心形环。

第二十五步　将心形环下面的原料雕成V字形。

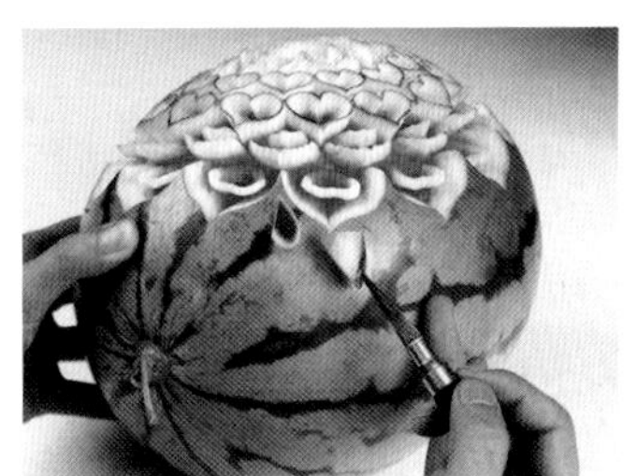
第二十六步　雕出心形孔。

第二十七步　完成。

27. 圣诞老人

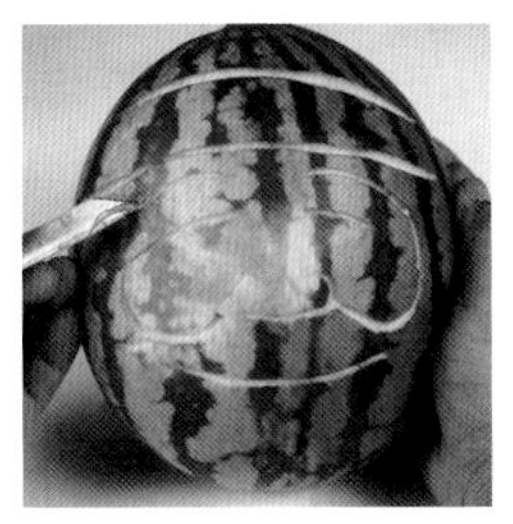

第一步　用V形刀戳出帽子、眉毛、鼻头、脸蛋和嘴的大致位置。

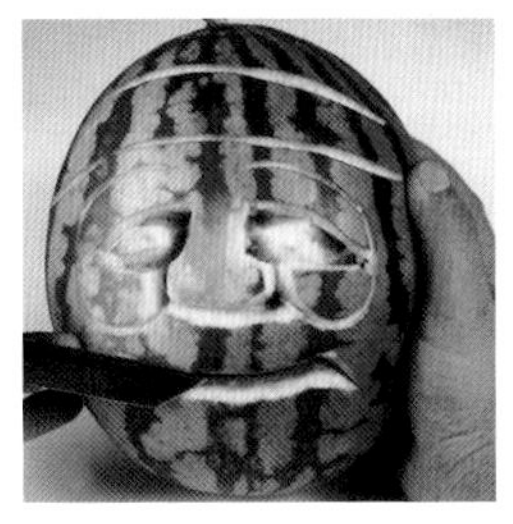

第二步　深雕出眼球、鼻翼和嘴。

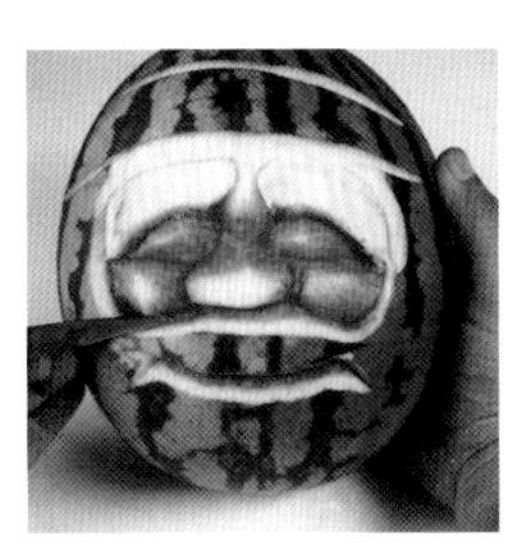

第三步　用手刀将眼球、鼻头、脸蛋削圆滑。

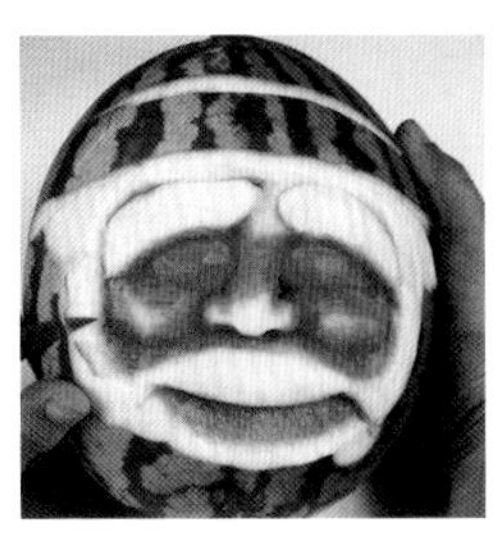

第四步　雕出白胡子、白眉毛和白鬓角。

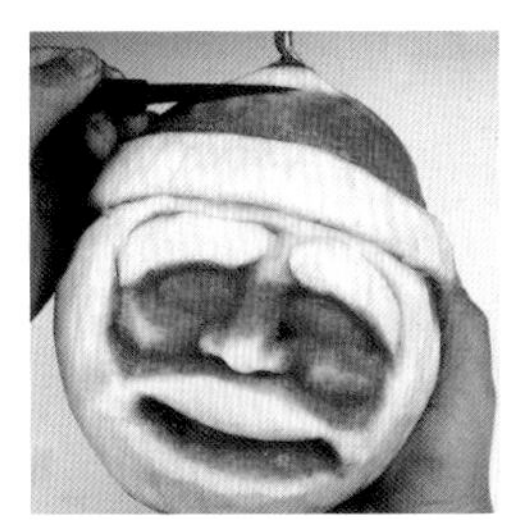

第五步　雕出红色帽子。

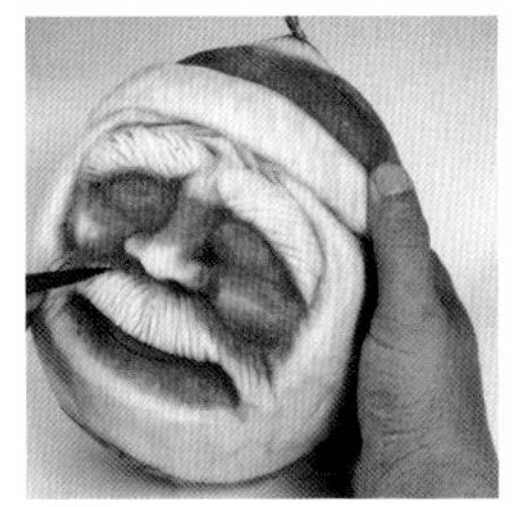

第六步　仔细雕出眉毛和胡子。

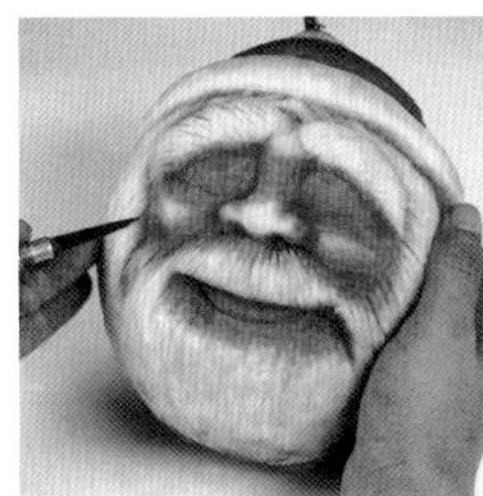

第七步　雕出鬓发。

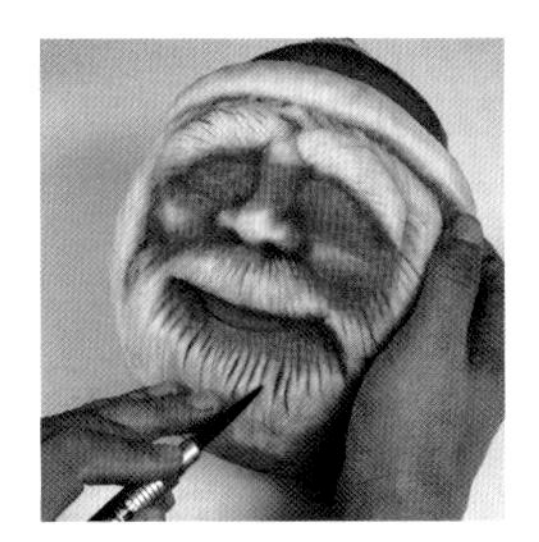

第八步　雕出下颏上的胡子。

第九步　雕出眼睛。

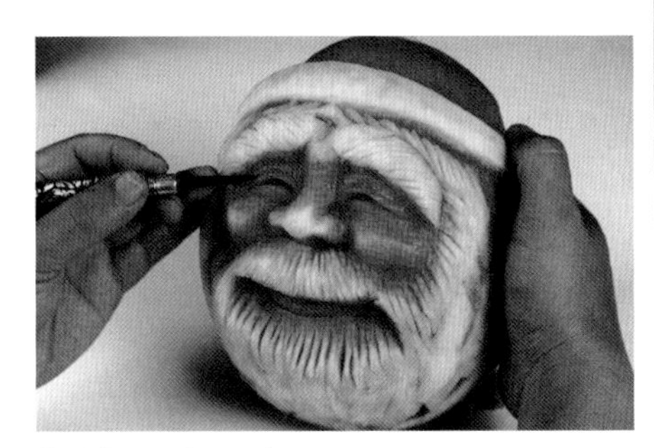

第十步　雕出双眼皮。

第十一步　完成。

28. 惜缘如玉

第一步　如图在西瓜表面画两个大圆（不是同心圆）。

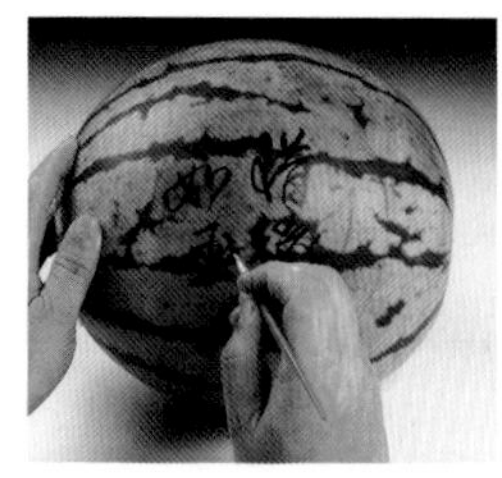

第二步　写上“惜缘如玉”四个字。

第三步　雕出这几个字。

第四步　用U形刀戳出边缘。

第五步　平刀削去瓜皮，雕出水滴形花瓣。

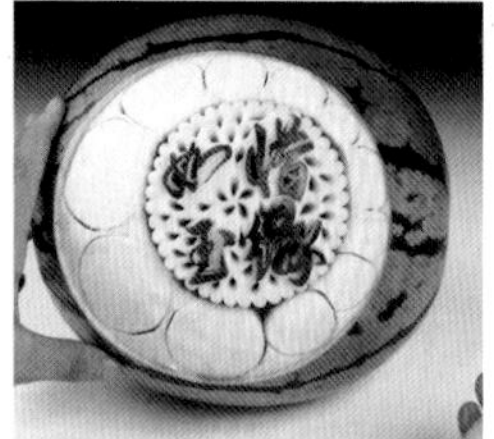

第六步　平刀削去外圈瓜皮，直刀雕出若干个圆。

第七步　剔下圆（花坯）周围的废料。

第八步　雕出一朵玫瑰花。

第九步　雕出一圈玫瑰花。

第十步　雕出一圈波浪状纹。

第十一步　雕出一较宽的环。

第十二步　旋刀雕出6字形槽。

第十三步　剔下废料。

第十四步　重复雕出这样的花纹。

第十五步　完成。

29. 丘比特

第一步　将打印出来的天使图案用透明胶带贴在西瓜上，直刀雕出图案。

第二步　揭下胶带和图案纸。

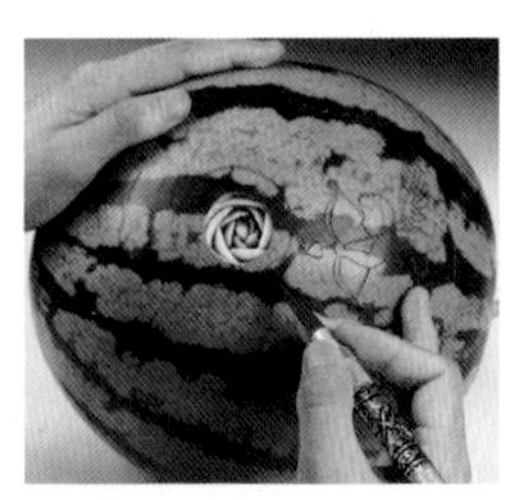

第三步　画出两个同心圆，在小圆内向内雕出玫瑰花。

第四步　再向外雕出一圈花瓣，剔下废料。

第五步　再雕出一朵玫瑰花。

第六步　雕出第三朵玫瑰花。

第七步　雕出几片叶子。

第八步　雕出竹笋叶。

第九步　在花和天使的周围雕出一个大的椭圆。

第十步　削去瓜皮，雕出小心形。

第十一步　在椭圆外雕出一圈圆齿。

第十二步　雕出心形，剔去废料。

第十三步　雕出一圈心形。

第十四步　再抖刀雕出两层尖形叶子，剔下废料。

第十五步　完成。

30. 火红的日子

第一步　用抖刀法在西瓜表面雕出八片叶子。

第二步　削去表皮，然后画出一个圆。

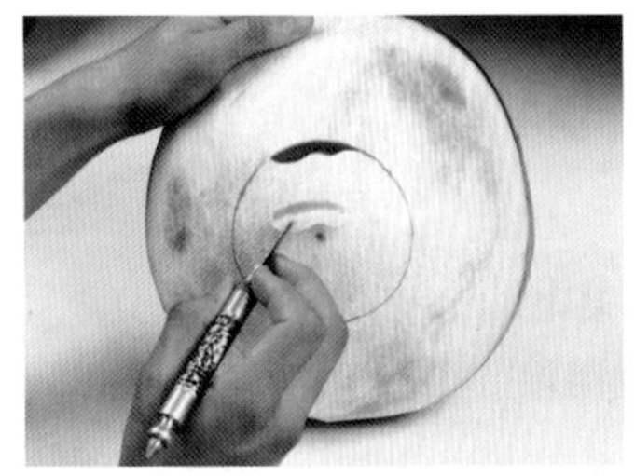

第三步　先直刀雕出这个圆，然后雕下一块波浪形原料。

第四步　直刀雕出波浪形花瓣，共雕出五到六片花瓣。

第五步　斜刀向内雕下波浪形废料。

第六步　直刀雕出波浪形花瓣，如此雕出第二层花瓣。

第七步　雕出年轮式花心。

第八步　向外雕下一波浪形原料。

第九步　直刀雕出波浪式花瓣，雕出一圈花瓣后剔废料。

第十步　在花的外面雕出类似游泳圈的圆环。

第十一步　先直刀雕下一刀，然后斜刀削下一块废料。

第十二步　抖刀雕出齿状环。

第十三步　雕满一圈后插上叶子即可。

31. 孔雀印象

第一步 用圆规在西瓜表面画大圆，然后直刀雕出这个大圆。

第二步 用U形戳刀戳一圈圆齿（齿数为偶数）。

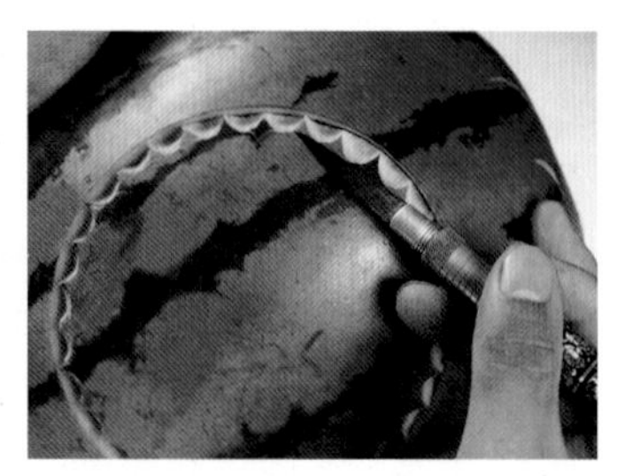
第三步 在两个圆齿之间雕出一个尖形花瓣。

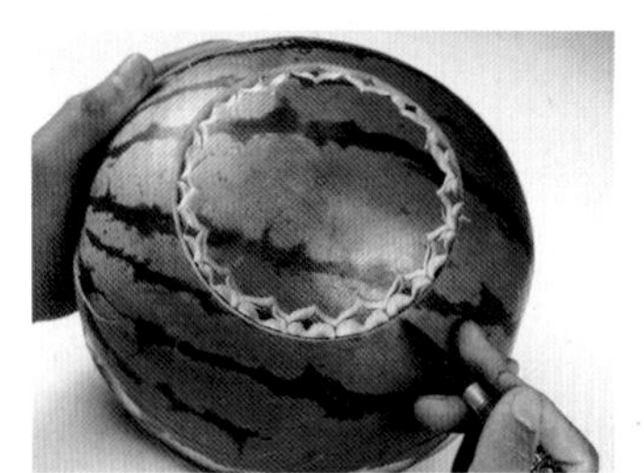
第四步 剔下花瓣后面的废料。

第五步 雕出长尾花瓣。

第六步 小心剔下废料。

第七步 平刀雕出花心部废料。

第八步 抖刀雕下一圆，平刀剔下原料。

第九步 雕出年轮状花心。

第十步 向外雕出一圆环，然后再雕出一个圆环。

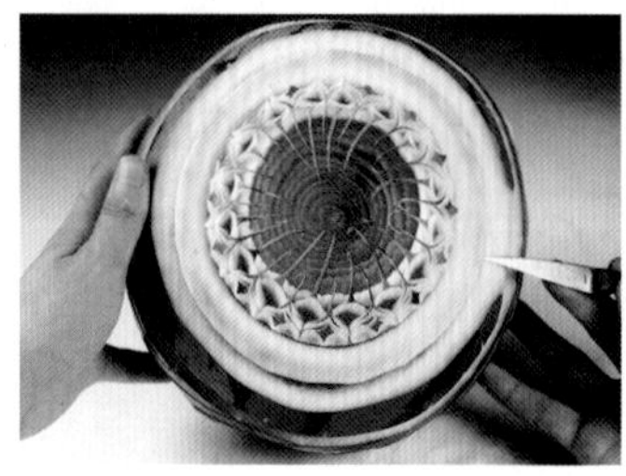
第十一步 将圆环修成游泳圈状。

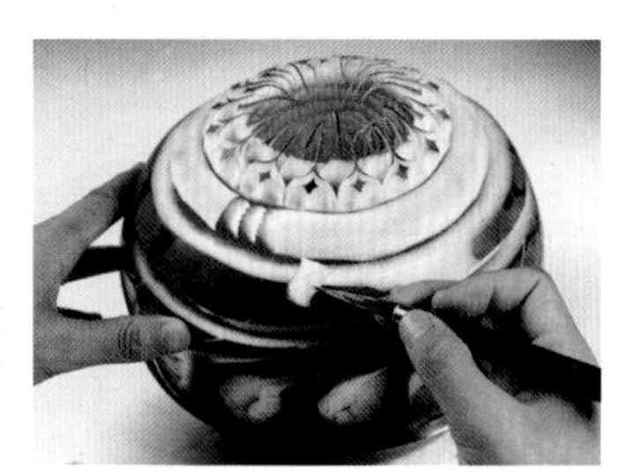
第十二步 在第一个环上雕出齿状纹。

第十三步 在第二个环上雕出反向齿，插上叶子，花心放一朵瓜皮或萝卜雕的小花即可。

32. 天使来了

第一步　在西瓜表面画出一个心形，然后直刀雕出这个心形，再斜刀剔一圈废料。

第二步　沿边缘向内雕出一圈圆齿。

第三步　剔下一圈废料。

第四步　如此重复。

第五步　直雕至花心。

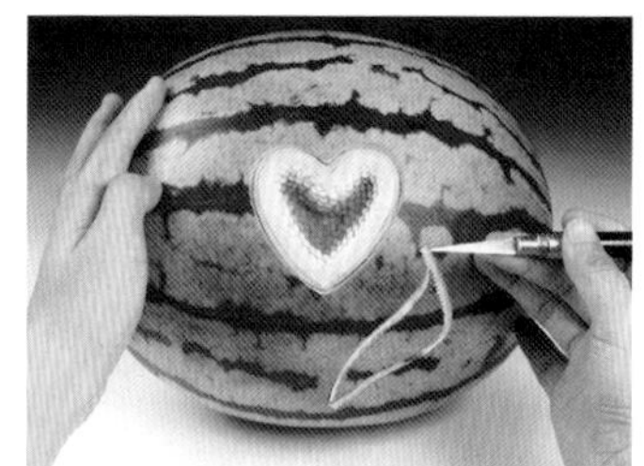

第六步　从心形边缘向外雕一圈齿牙，剔下废料。

第七步　画出两个翅膀。

第八步　先雕出第一层小羽毛。

第九步　再雕出第二层大羽毛。

第十步　雕出两个翅膀后，雕出一个“爱”字。

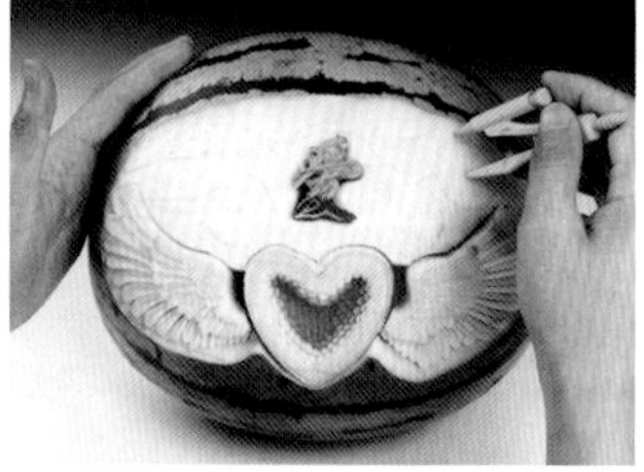

第十一步　削去瓜皮，画出几个圆形。

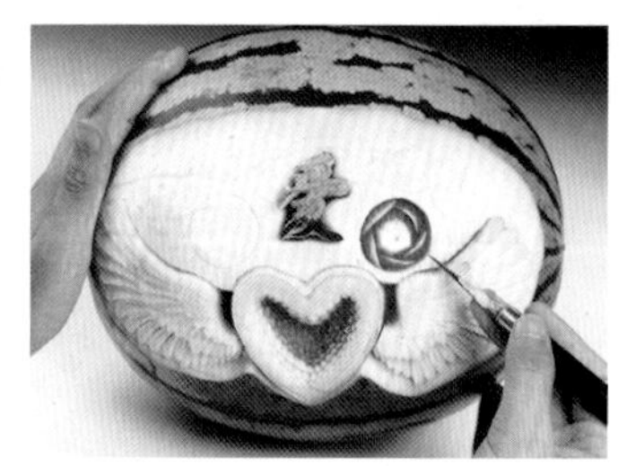

第十二步　从圆向内雕出玫瑰花。

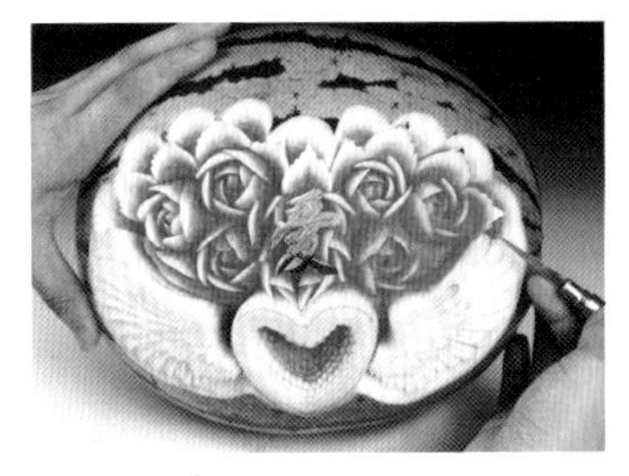

第十三步　雕完玫瑰花后，再雕几片尖形叶子。

第十四步　雕下波浪形原料。

第十五步　雕出一层波浪纹，再雕一层波浪纹。

第十六步　剔下一圈废料即可。

33. 鱼跃

第一步　西瓜削皮，画出两条鲤鱼的轮廓。

第二步　雕出鱼大致形状。

第三步　雕出一条鱼的头、腹、背部。

第四步　雕出另一条鱼的身尾形态。

第五步　将鱼的表面削光滑。

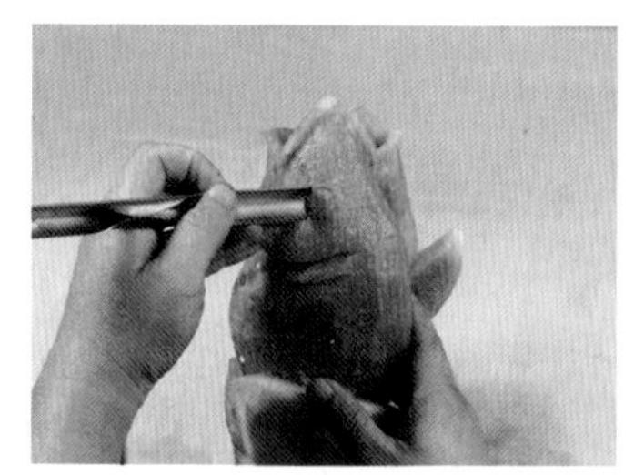
第六步　雕出嘴、眼。

第七步　雕出鱼的嘴、鳃、眼和鳞。

第八步　雕出鱼尾。

第九步　雕出浪花。

第十步　用废料雕出背鳍、胸鳍插上。

第十一步　摆放造型。

第十二步　完成。

34. 西瓜蛋糕

第一步　将西瓜切两刀。

第二步　在大块西瓜切面边缘雕出一条圆环，然后剔下圆弧形废料。

第三步　抖刀雕出齿状花瓣。

第四步　再剔废料，然后雕出第二层花瓣。

第五步　雕出第三层花瓣后剔下一圈原料。

第六步　切下西瓜。

第七步　将另一块西瓜削圆，摆在大块西瓜上面。

第八步　将橙子切瓣，取下橙皮，切出几个花刀。

第九步　将橙皮卷成花形。

第十步　哈密瓜切块。

第十一步　苹果切片，推出扇形。

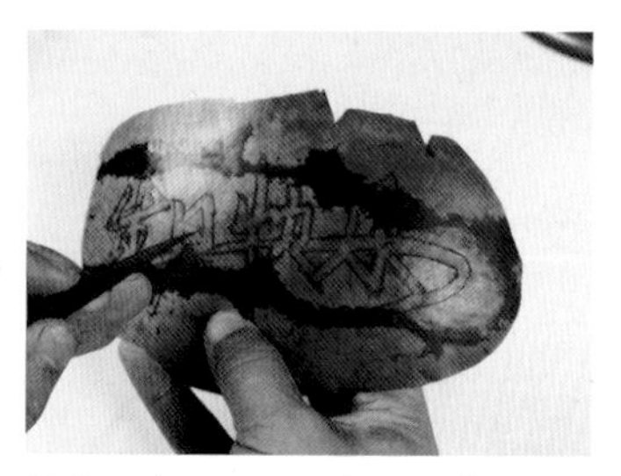
第十二步　用西瓜皮雕出“生日快乐”四个字。

第十三步　将橙子、苹果片、哈密瓜、葡萄、西兰花、西瓜皮字摆在西瓜上，插上蜡烛即可。

35. 节节高

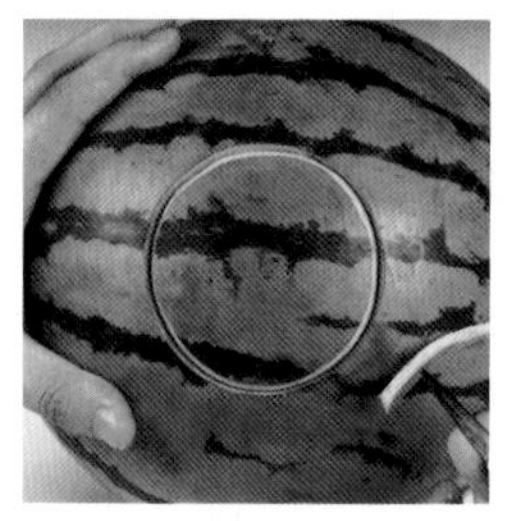

第一步　用圆规在西瓜表面画一个大圆，先直刀后斜刀雕出圆。

第二步　雕出若干个小花齿。

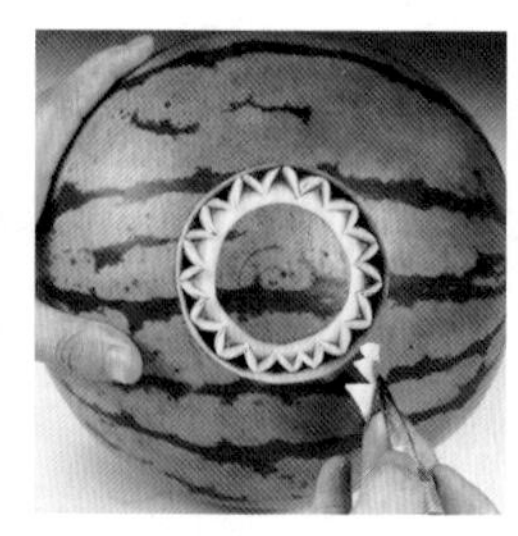

第三步　雕出一圈V形花瓣后剔一圈废料。

第四步　雕出第二层V形花瓣后再剔废料。

第五步　雕出第三层、第四层尖形花瓣。

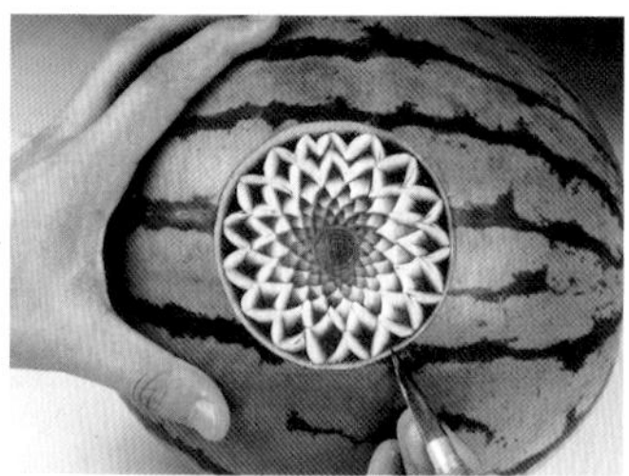

第六步　雕至花心。

第七步　直切一刀，再斜切一块V形原料。

第八步　抖刀雕出半个花瓣。

第九步　重复上一步骤，雕出一完整的V形花瓣。

第十步　雕出一圈V形花瓣。

第十一步　抖刀雕出一圈花瓣后剔下废料。

第十二步　再雕出一圈尖形花瓣。

第十三步　雕出竹笋叶。

第十四步　雕出一圈竹笋叶。

第十五步　雕下波浪形废料。

第十六步　雕出一圈波浪纹。

第十七步　剔下一圈废料即可。

36. 寿星

第一步　西瓜削去表皮，然后在表面上画出寿星的五官。

第二步　用大V形戳刀戳出额头、眼睛和鼻子雏形。

第三步　用手刀雕出眉毛、嘴部雏形，削去额脸两侧的原料。

第四步　仔细雕出鼻子。

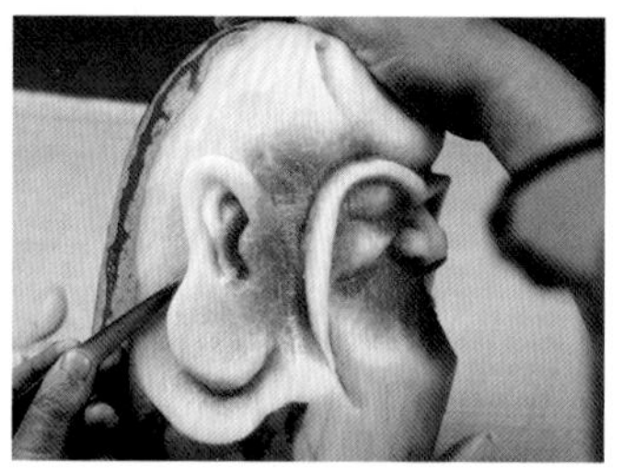

第五步　雕出耳朵。

第六步　雕出上嘴唇，剔下废料。

第七步　再雕出下嘴唇。

第八步　雕出舌头。

第九步　雕出眼睛。

第十步　雕出瞳孔。

第十一步　雕出眉毛。

第十二步　雕出额头上的皱纹和眉毛细节。

第十三步　完成。

37. 心语

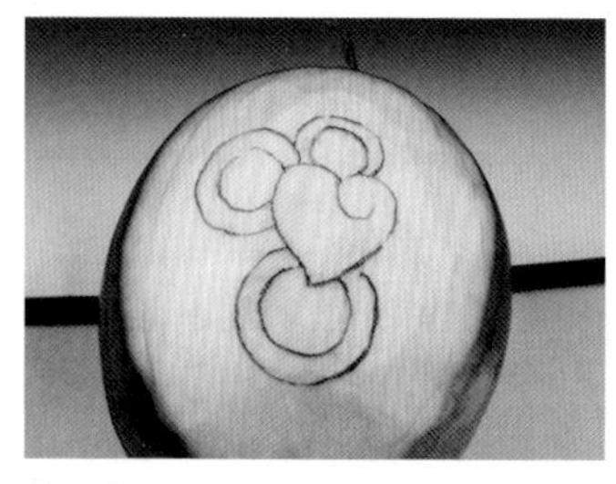
第一步　西瓜表面削皮，然后画出一个心形，三组同心圆。

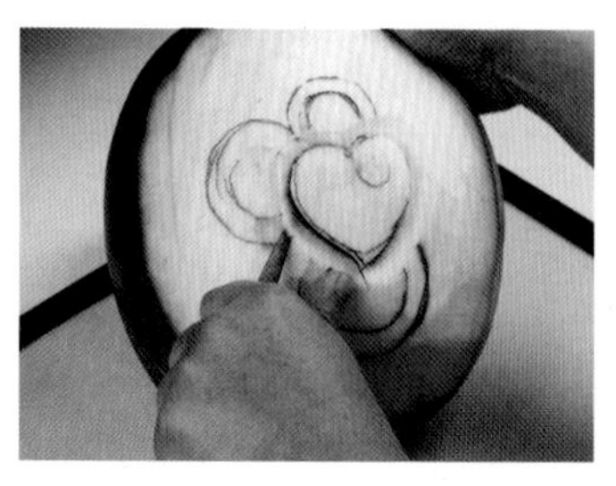
第二步　直刀雕出心形，斜刀剔下周围一圈原料。

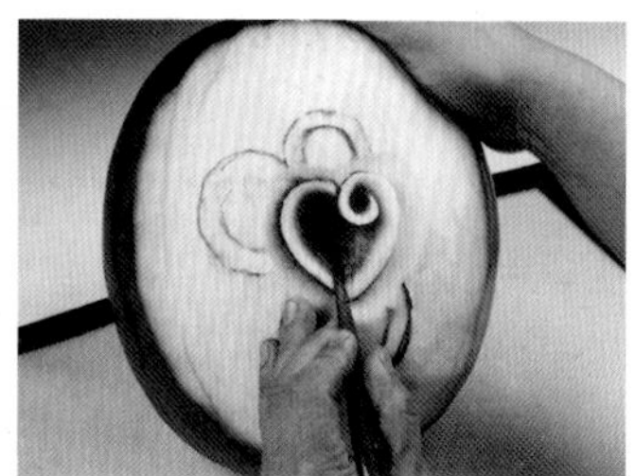
第三步　旋刀雕出心形。

第四步　直刀雕出圆形，然后斜刀剔下周围原料。

第五步　在圆周上先斜刀雕下一月牙形原料，再直刀雕出花瓣。

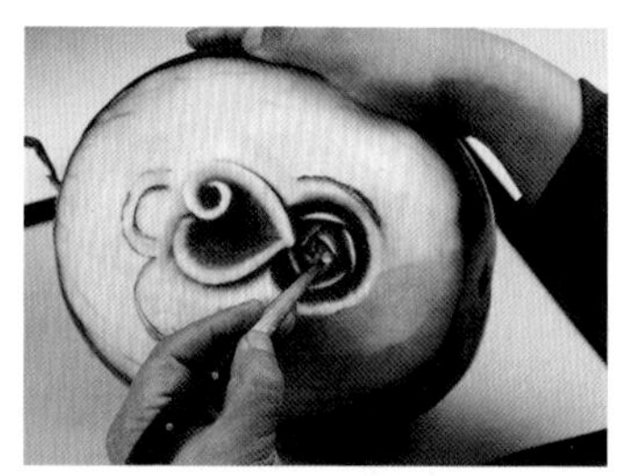
第六步　如此重复，雕至花心。

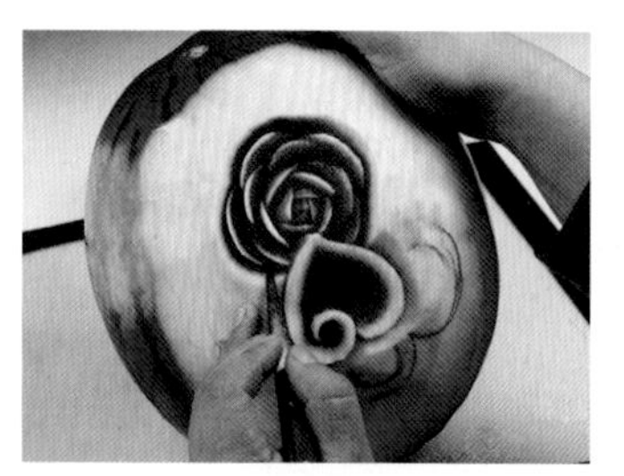
第七步　再向外雕出两层花瓣。

第八步　同样方法雕出另外两朵花。

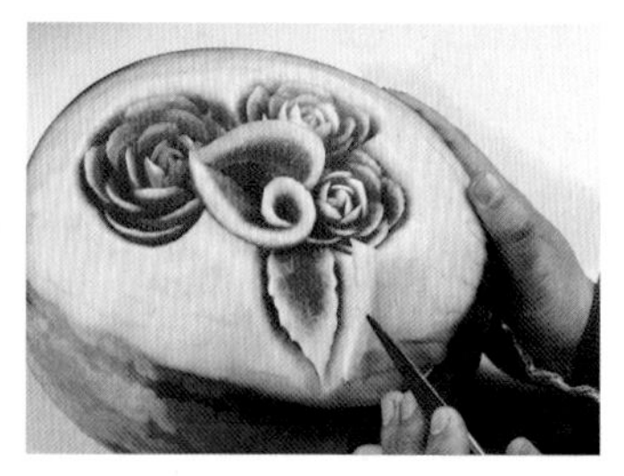
第九步　抖刀雕出叶子，剔废料。

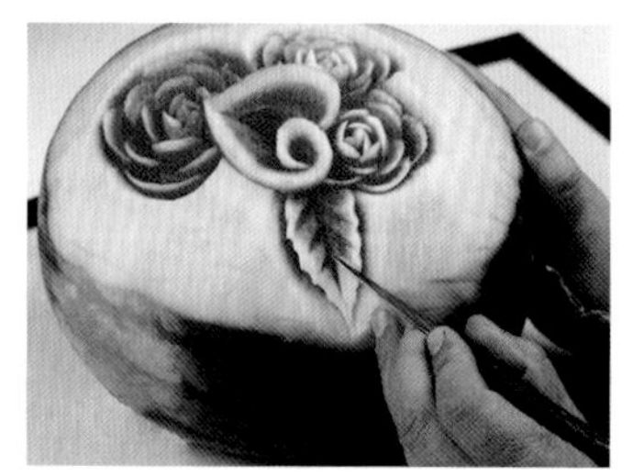
第十步　雕出叶筋。

第十一步　雕出几片叶子，几个花蕾（即竹笋叶）。

第十二步　雕出V形槽。

第十三步　完成。

38. 西瓜盅

第一步　用圆规在西瓜顶部画一个圆。

第二步　用U形刀或V形刀雕出装饰纹。

第三步　用圆规在西瓜的侧面画三个或四个大圆。

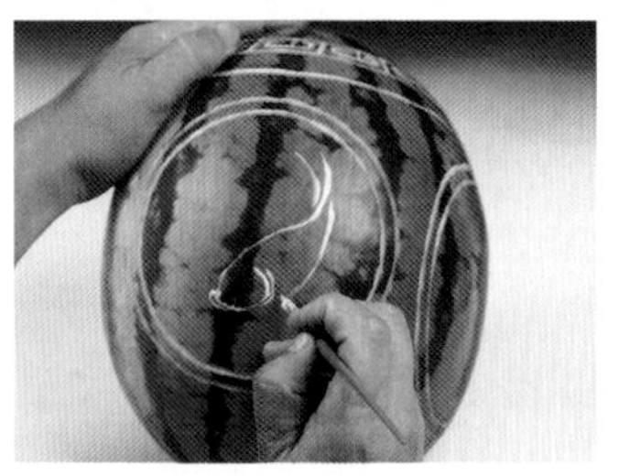

第四步　用戳刀戳出圆环，在一个圆内画出鲤鱼。

第五步　在另一个圆内画出小鸟。

第六步　在第三个圆内画上竹子（或其他图案）。

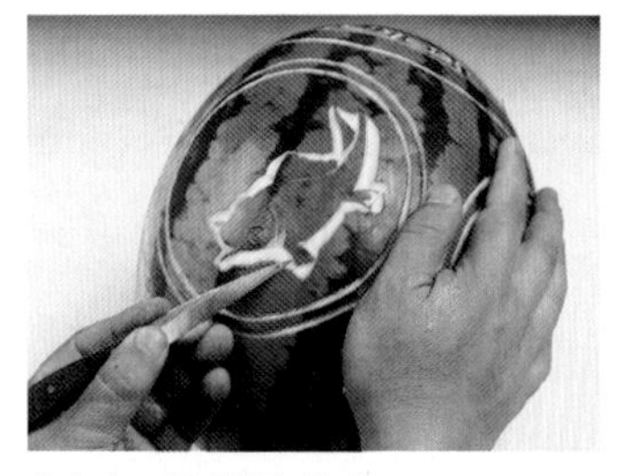

第七步　雕出鲤鱼轮廓。

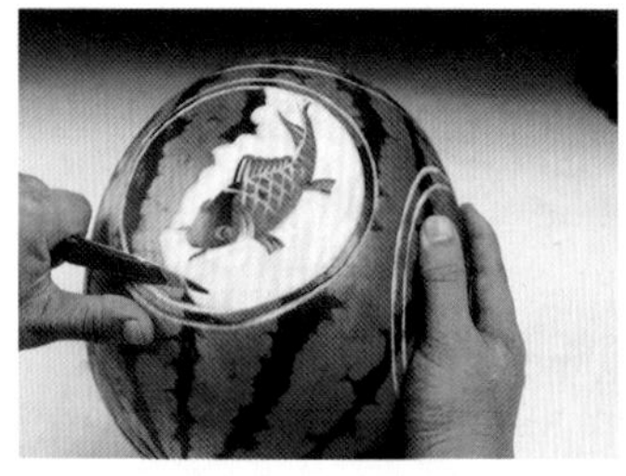

第八步　雕出鱼鳞、鱼鳍等。

第九步　雕出文字。

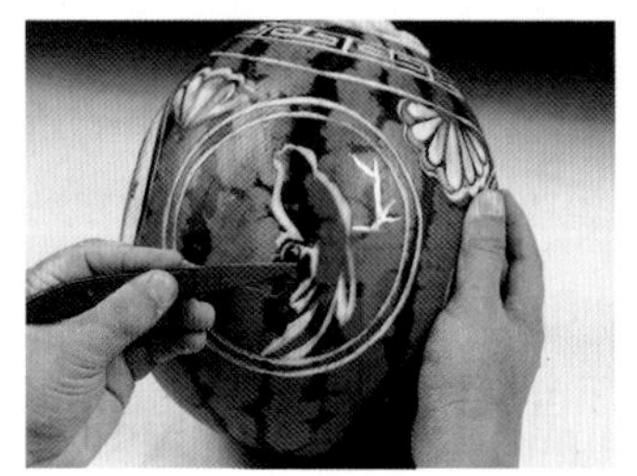

第十步　雕出小鸟轮廓。

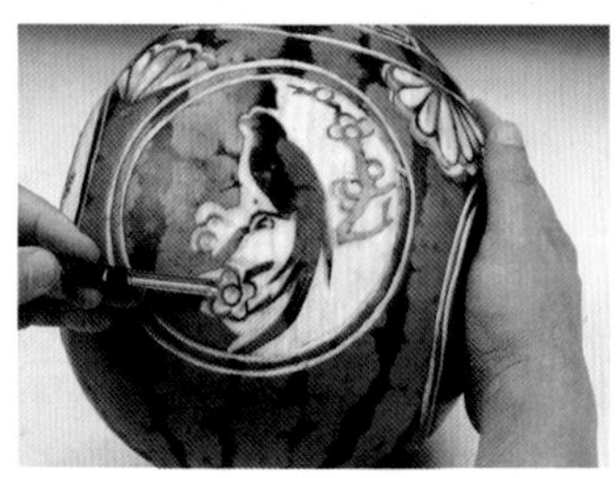

第十一步　雕出小鸟和梅花。

第十二步　雕出竹子。

第十三步　在西瓜顶部雕出一朵月季花。

第十四步　用U形戳刀揭开瓜盖。

第十五步　挖空瓜瓤，另雕一个底座。

第十六步　完成。

39. 太极西瓜灯

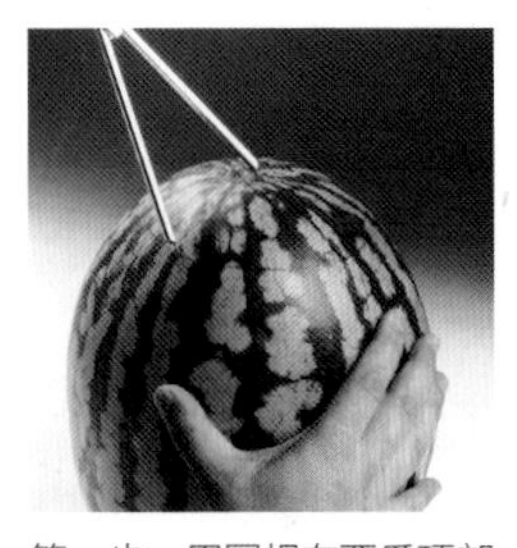
第一步　用圆规在西瓜顶部画一个圆。

第二步　用U形或V形戳刀戳出装饰纹。

第三步　用圆规在侧面上画出三个或四个大圆。

第四步　戳出大圆。

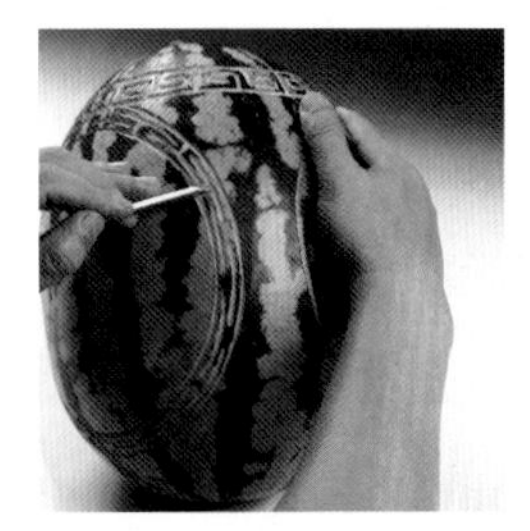
第五步　沿圆向外戳出装饰环。

第六步　在大圆之间戳出小的圆环。

第七步　在小圆内雕出太极鱼图案。

第八步　在西瓜的顶部用套环刀挑出六至八个套环。

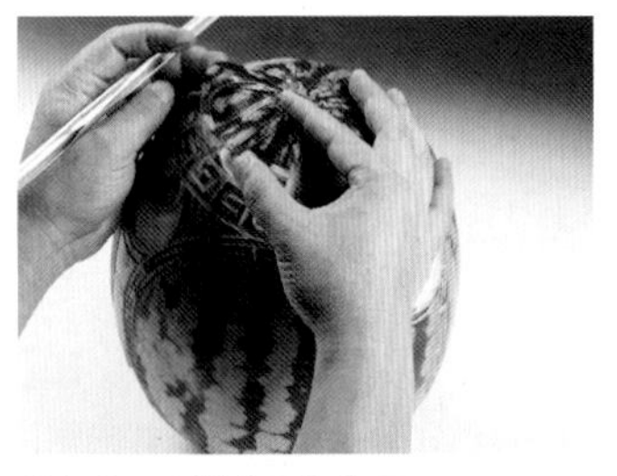
第九步　再挑出反向套环。

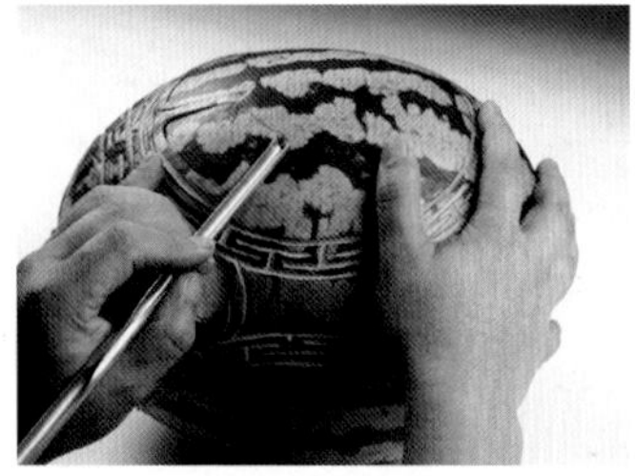
第十步　再在侧面的大圆上挑出六个向内的套环。

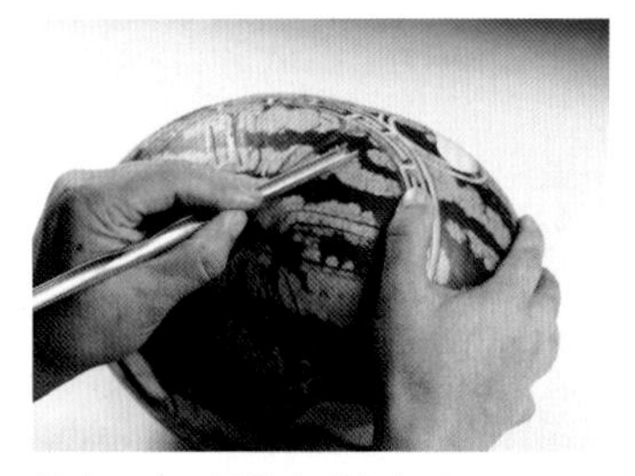
第十一步　再戳出反向套环。

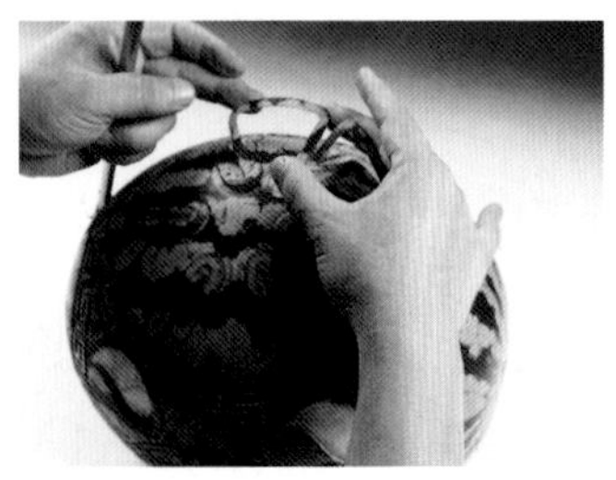
第十二步　挑出的两种套环方向相反，根部与西瓜相连。

第十三步　在西瓜的底部开一个圆口，挖去瓜瓤。

第十四步　在套环的底下将西瓜皮切开。

第十五步　再沿圆将西瓜皮切断。

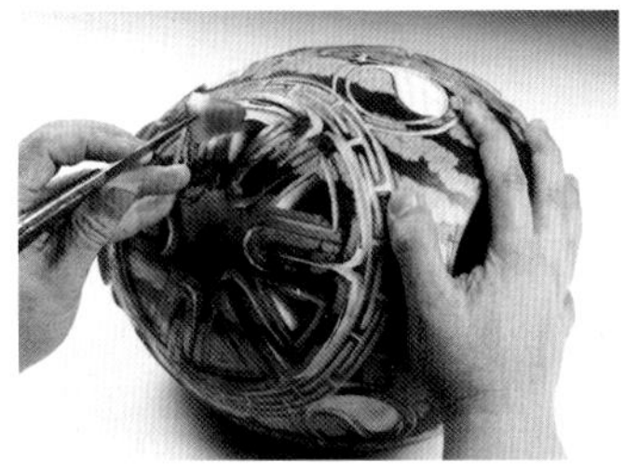

第十六步　在空余的地方切出三角形废料。

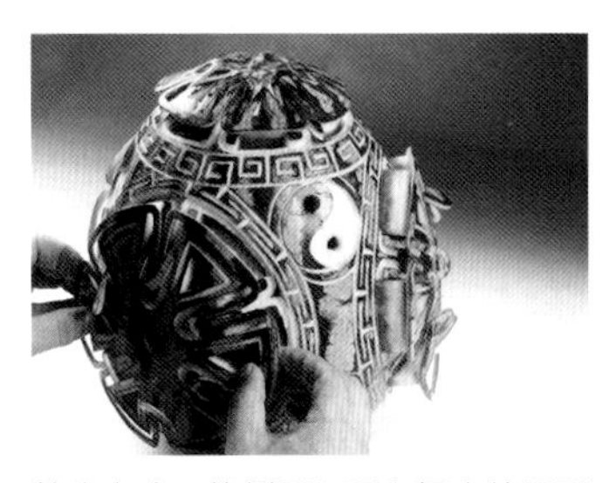

第十七步　将侧面和顶上切出的圆形图案向外推出，然后用清水略泡一下。

第十八步　在西瓜内点上蜡烛或小灯泡即可。

40. 心窗西瓜灯

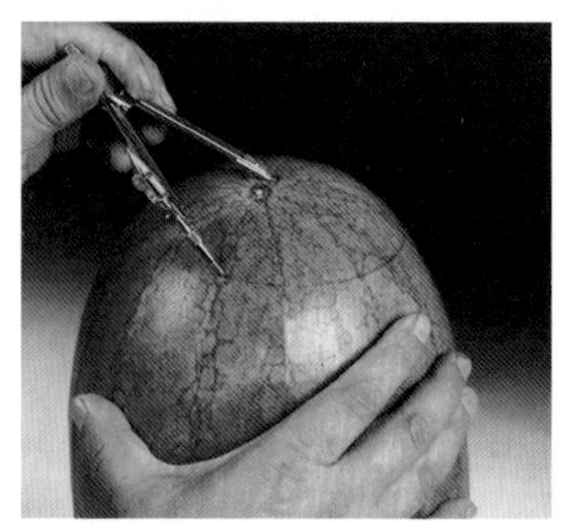

第一步　在西瓜的顶部画圆。

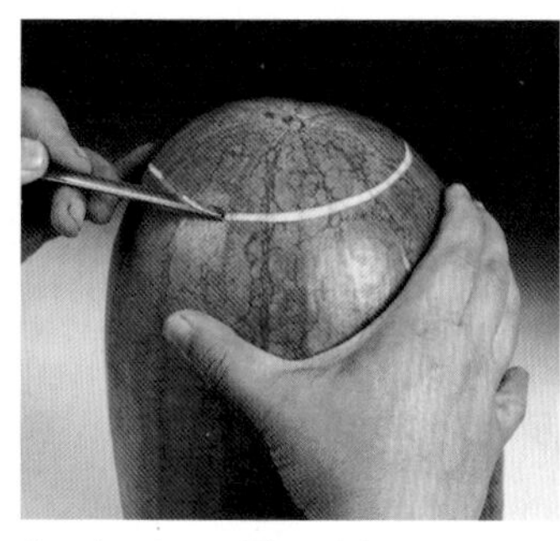

第二步　用U形戳刀戳出圆。

第三步　戳出装饰图案。

第四步　在西瓜的上半部戳出如图图案。

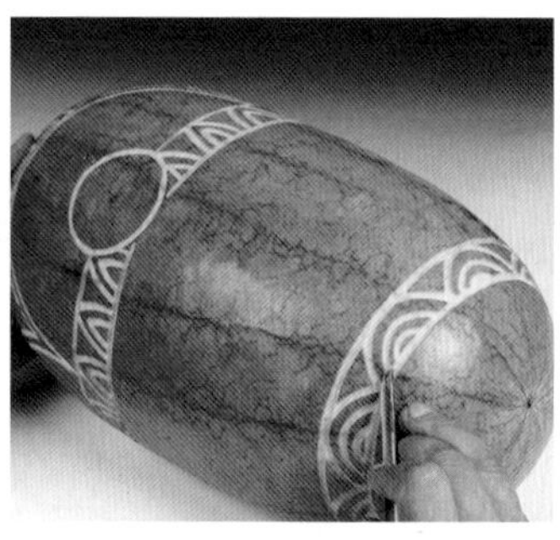

第五步　在西瓜的底部戳出一圈图案。

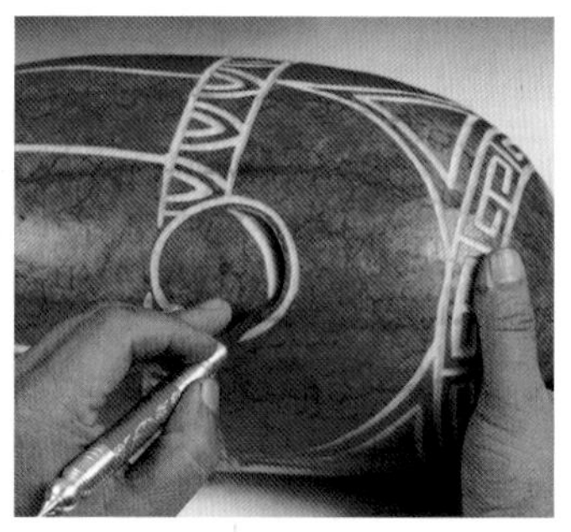

第六步　直刀雕出小圆，斜刀切下一月牙形原料。

第七步　直刀雕出花瓣，如此重复雕出玫瑰花。

第八步　用套环刀戳出向外的套环。

第九步　再戳出相反的方向向内的套环。

第十步 在玫瑰花的下面写上文字。

第十一步 雕出文字。

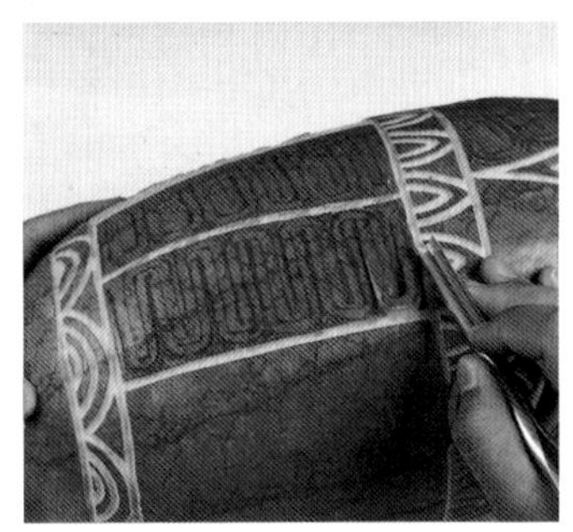

第十二步 在文字的两侧各戳出两组套环。

第十三步 在西瓜的底部（或顶部）开圆口，挖去瓜瓤。

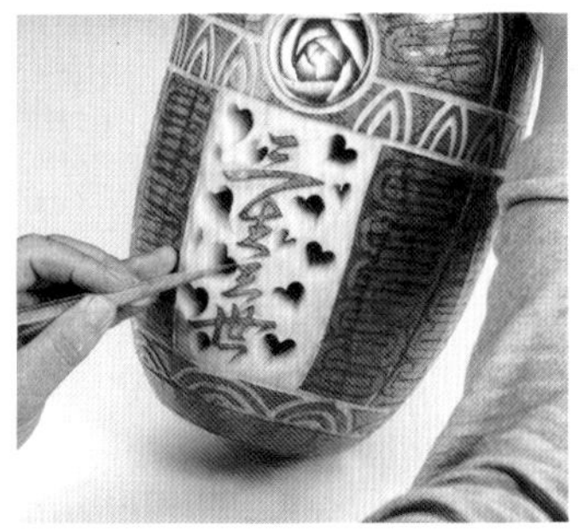

第十四步 在文字的旁边雕出心形孔。

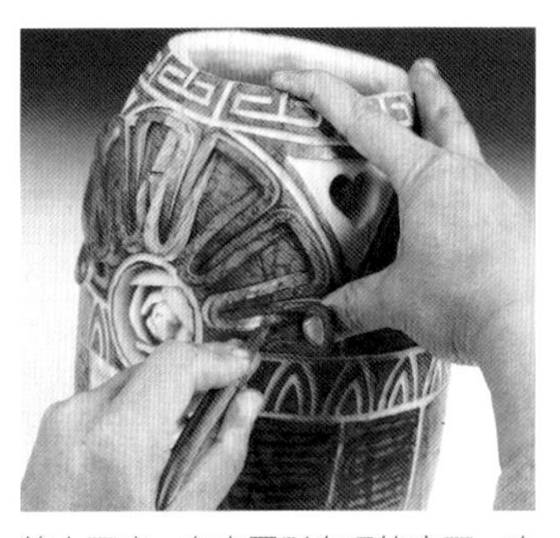

第十五步 在半圆形套环的底下，玫瑰花的外圈将西瓜切开。

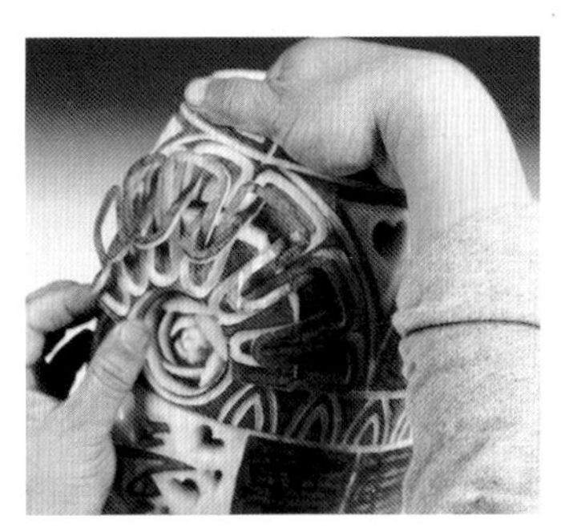

第十六步 从里向外将套环推出。

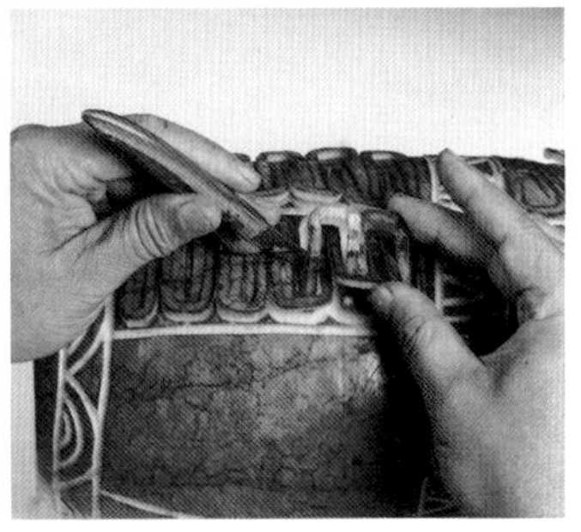

第十七步 再将文字两侧双组套环底下的瓜皮切开。

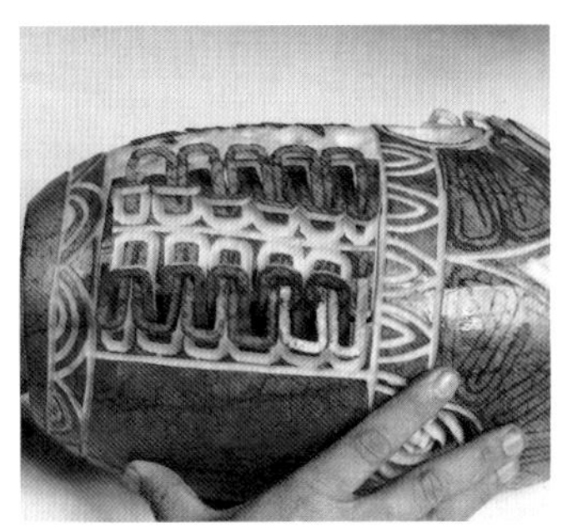

第十八步 从里向外将套环图案推出，然后用清水略泡一下。

第十九步　在瓜内点上蜡烛或灯泡，也可用干冰或液氮增加气氛。

41. 天鹅西瓜灯

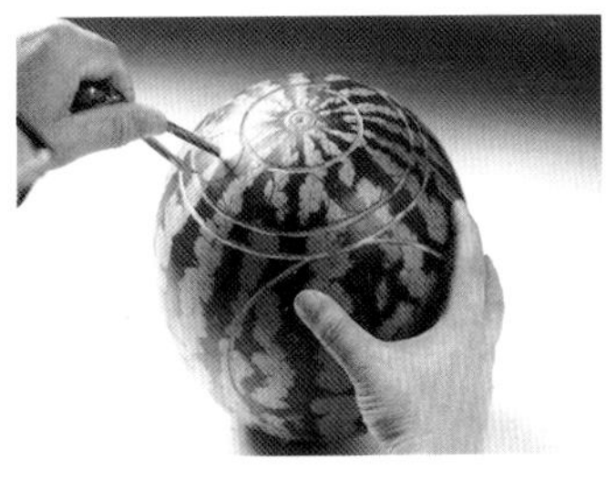

第一步　在西瓜的顶部戳出三个同心圆，然后在西瓜侧面前后相对的位置上，戳出两个大圆。

第二步　在西瓜侧面、两个大圆之间，戳出一个扇形图案。

第三步　在扇形的下面戳出菱形图案。

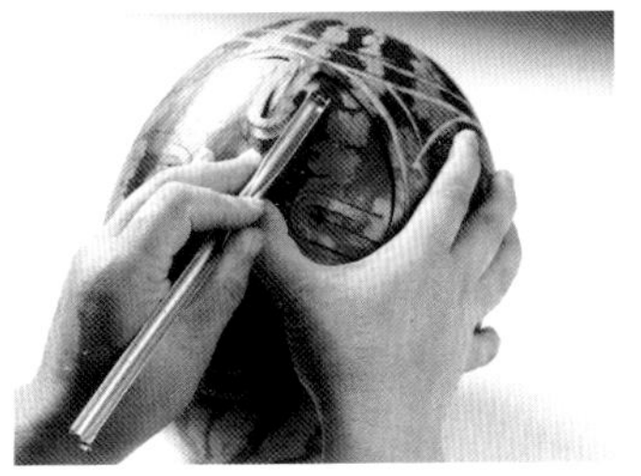

第四步　在侧面的大圆内，用套环刀挑出四组套环。

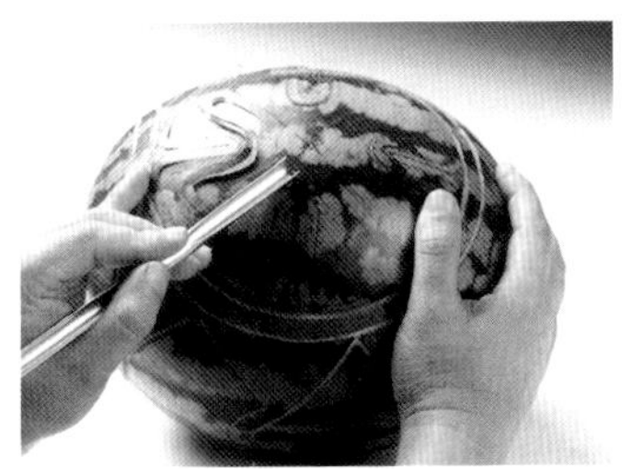

第五步　在套环的中间，挑出弯曲的套环。

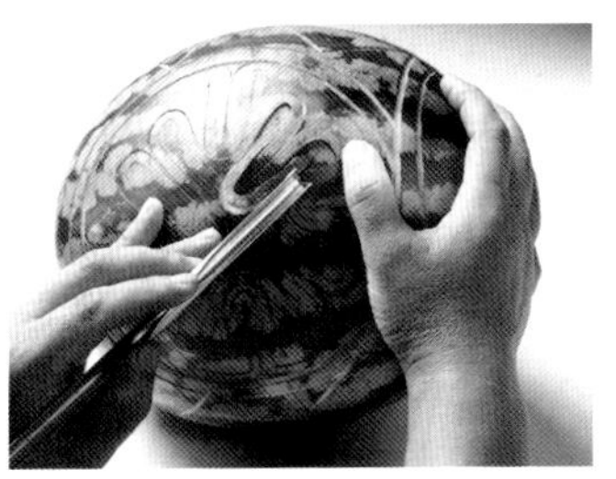

第六步　挑出反向套环。

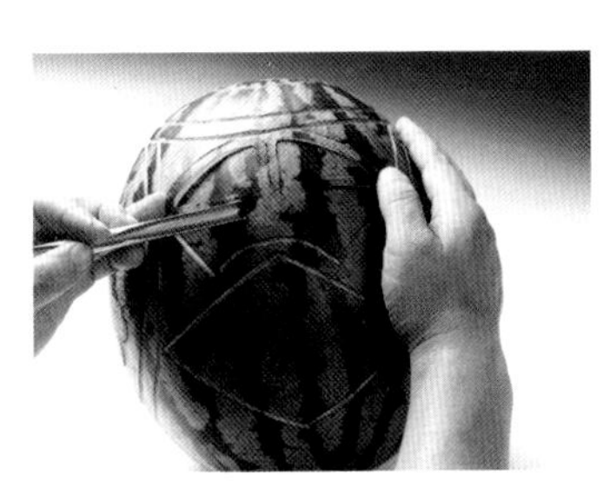

第七步　挑出扇形图案中的套环。

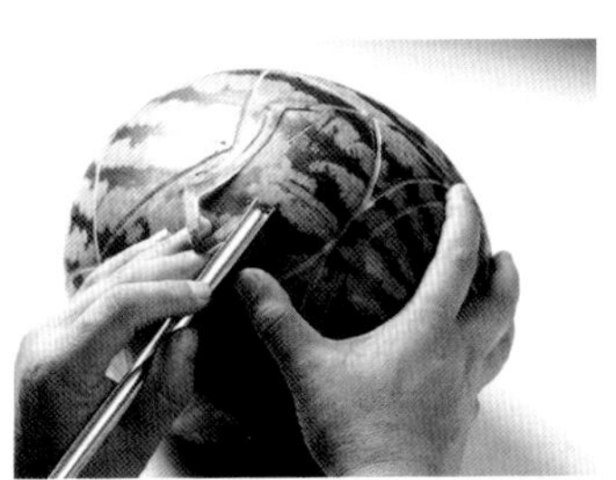

第八步　挑出扇形图案中的套环下部。

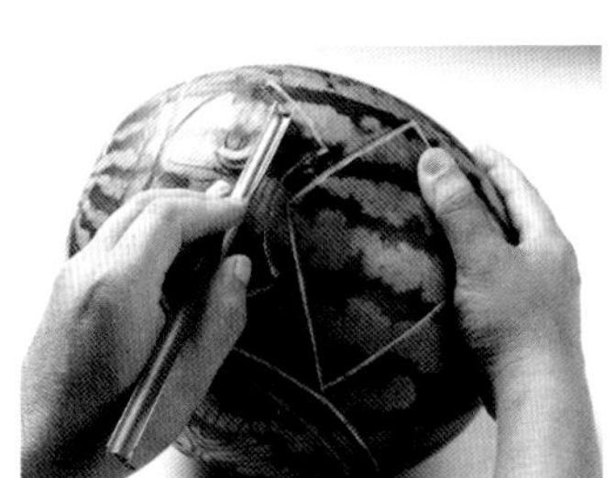

第九步　挑出三个反向套环。

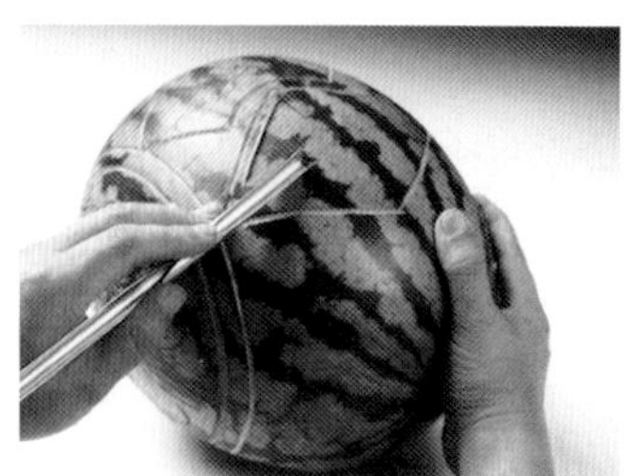

第十步　挑出向内的菱形套环。

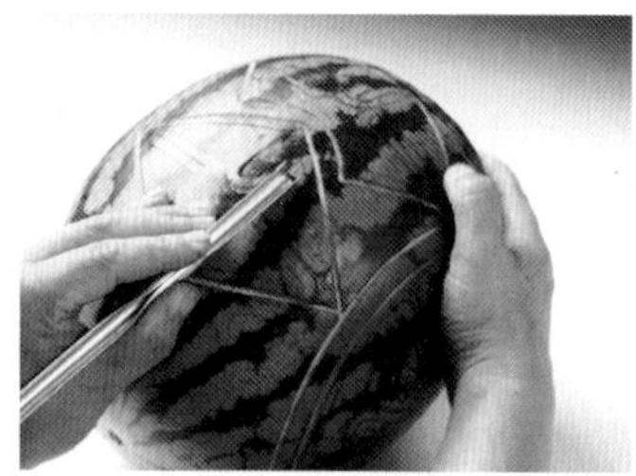

第十一步　挑出开口向外的套环。

第十二步　在西瓜的顶部雕出八朵玫瑰花。

第十三步　在西瓜的底部切圆口，挖去瓜瓤。

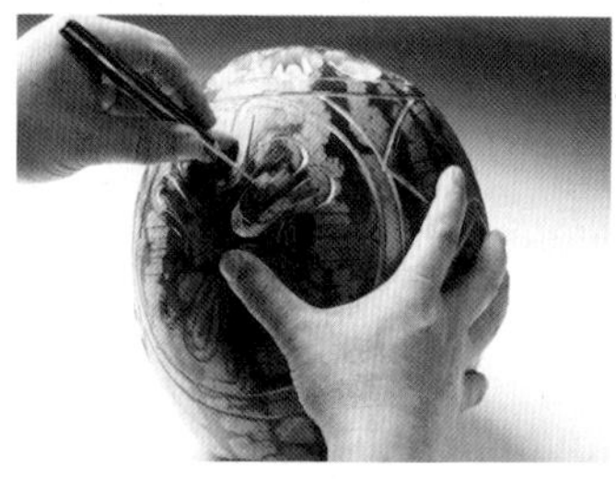

第十四步　将圆形图案的里层切开。

第十五步　使小圆能向外推出。

第十六步　再将大圆图案切开。

第十七步　使大圆能向外推出。

第十八步　将扇形图案切开，推出。

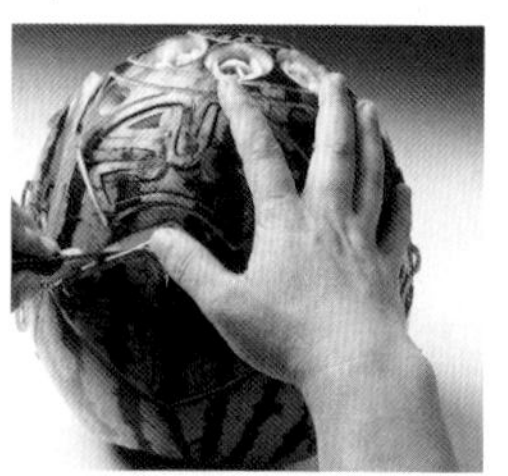

第十九步　将菱形图案切开并向外推出。

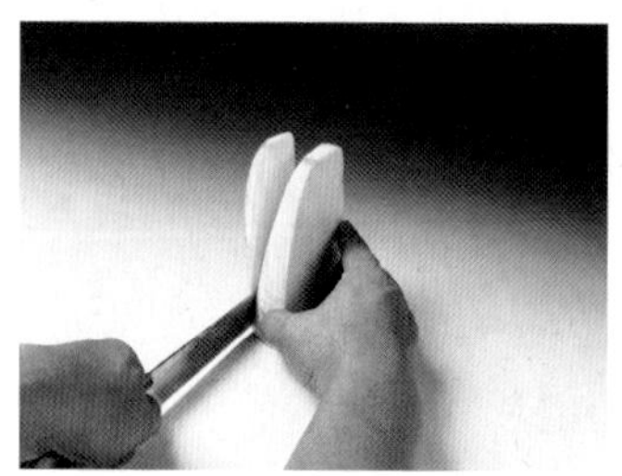

第二十步　取一块萝卜切片。

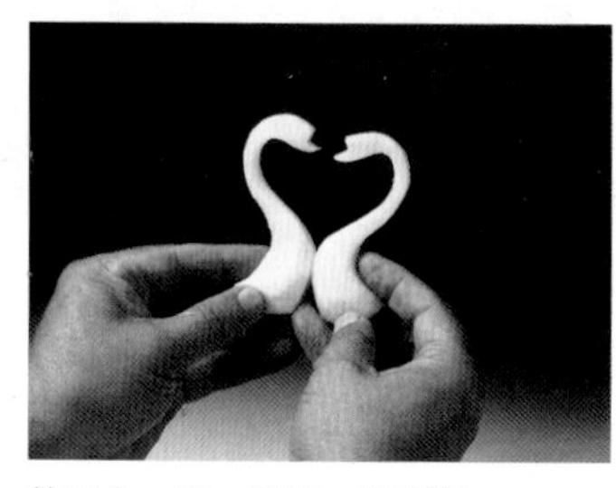

第二十一步　雕出一对天鹅。

第二十二步　雕出片状翅膀，用牙签插在天鹅身上。

第二十三步　在西瓜内点上小灯泡，
把天鹅插在西瓜顶部即可。

42. 双喜吉祥西瓜灯

第一步　在西瓜的上面画圆。

第二步　戳出圆。

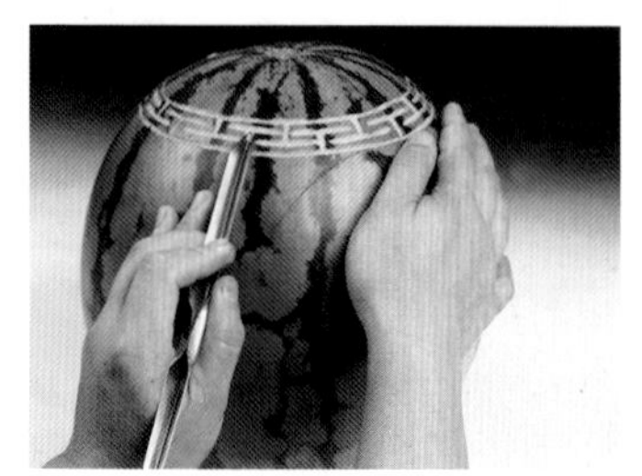

第三步　雕出装饰环。

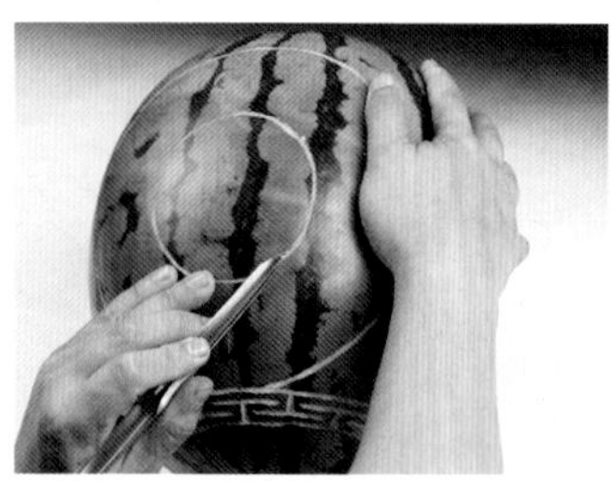

第四步　在西瓜的侧面前后两面画出两个同心圆，并戳出同心圆。

第五步　在小圆内贴上“吉祥”文字，用刀雕出后取下贴纸，剔去余料。

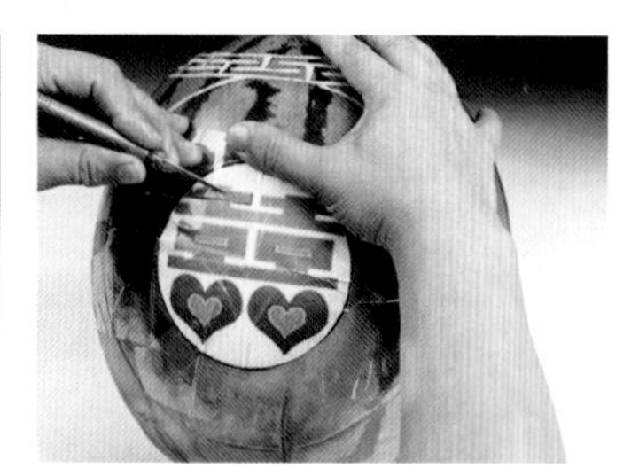

第六步　在另一面的小圆内贴上“双喜”，雕出轮廓。

第七步　雕出镂空双喜字。

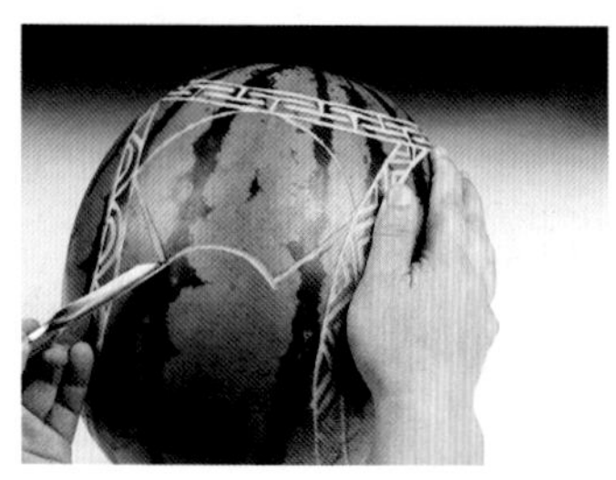

第八步　在两个圆中间雕出扇形。

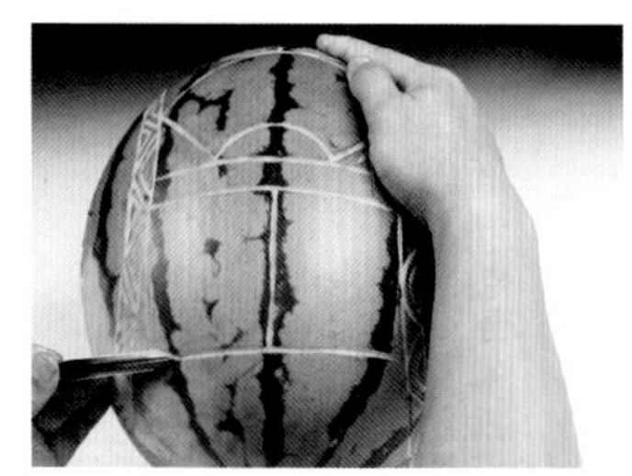

第九步　在扇形下面雕出方格。

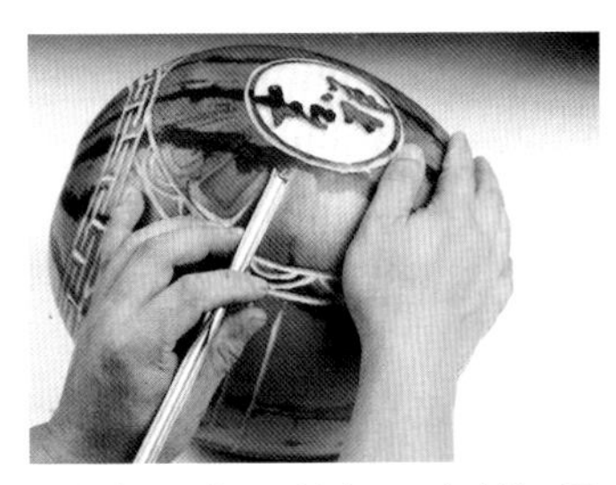
第十步　用套环刀挑出开口向内的一圈套环。

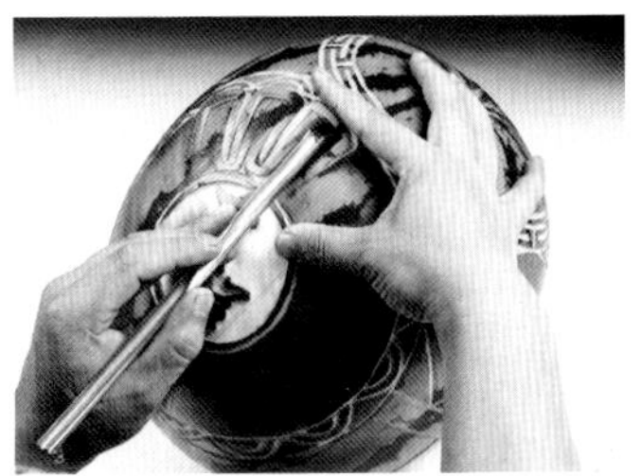
第十一步　再挑出开口向外的套环。

第十二步　挑出扇形套环。

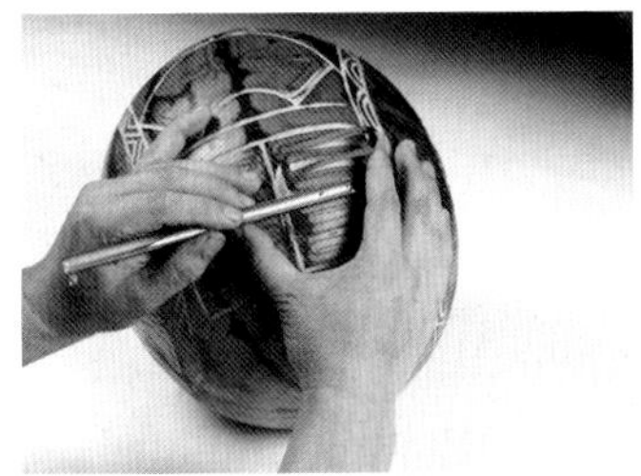
第十三步　再雕出方格形套环。

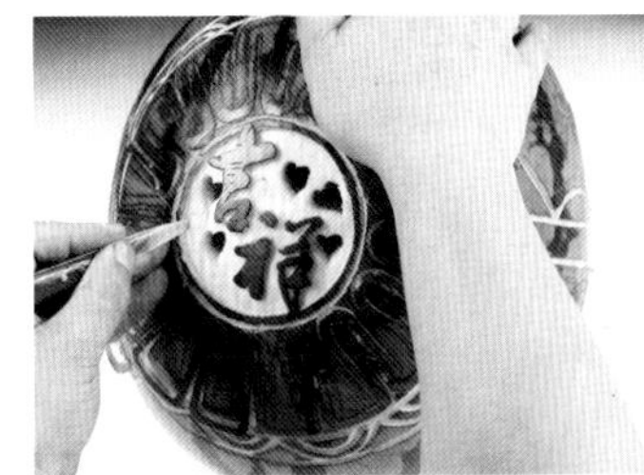
第十四步　雕出镂空的心形。

第十五步　在套环底下将瓜皮切成一圆。

第十六步　从里向外将文字部分推出。

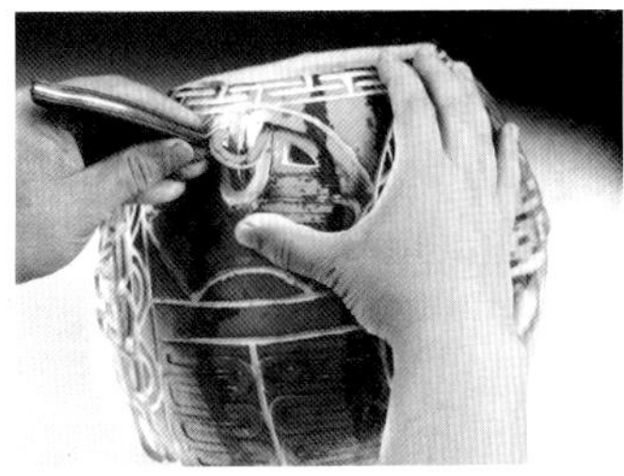
第十七步　将扇形套环底下的瓜皮切开，从里向外推出。

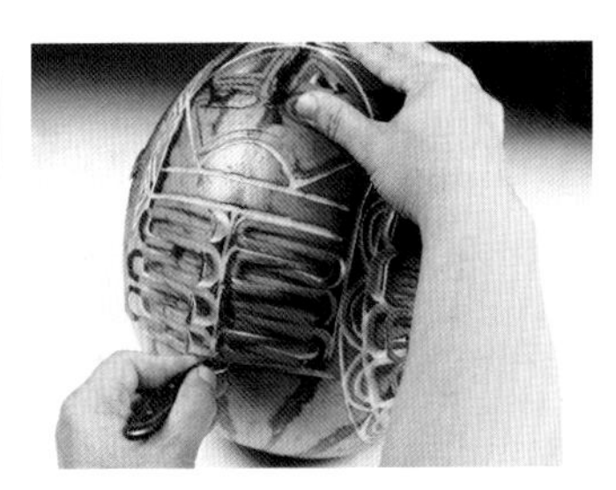
第十八步　将方形套环底下切开，推出。

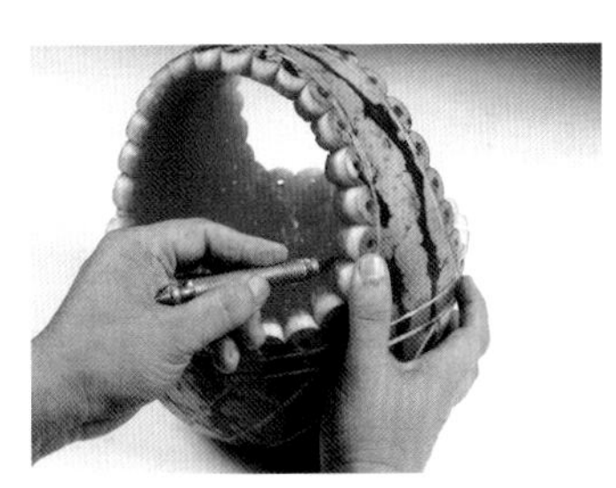
第十九步　另取一块西瓜，切成花篮，挖去瓜瓤。

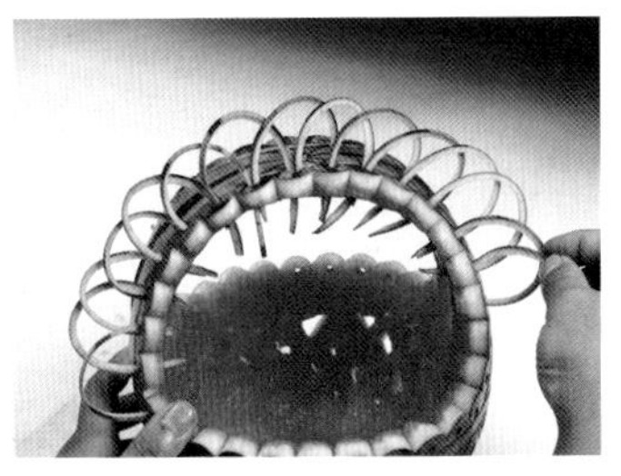
第二十步　将瓜皮切条插在花篮梁上。

第二十一步　另取半块西瓜，雕出底座。

第二十二步　将瓜灯、底座、花篮组装上，插上鲜花，内装灯泡，加点干冰或液氮即可。

第二十三步　完成。

43. 腰鼓西瓜灯

第一步　用圆规在西瓜表面画两个同心圆。

第二步　用U形戳刀戳出圆。

第三步　在西瓜的两个顶部分别画三个同心圆。

第四步　戳出装饰纹。

第五步　用套环刀在小圆之外大圆之内挑出开口向内的套环。

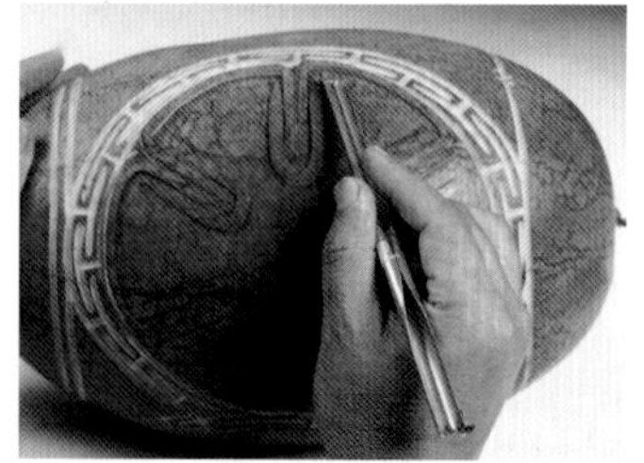

第六步　再挑出开口向外的套环。

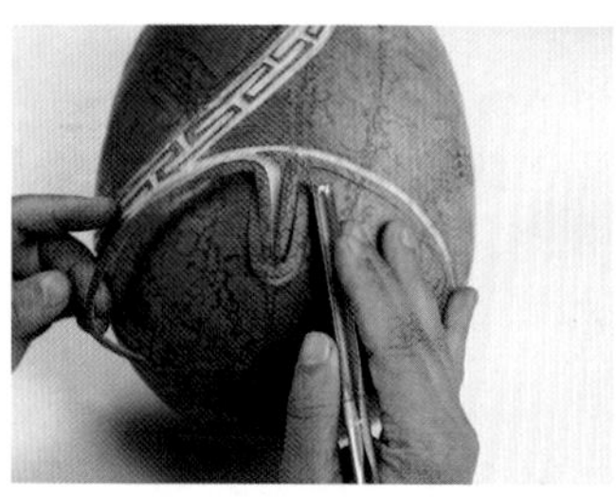

第七步　在中圆和大圆之间挑出套环。

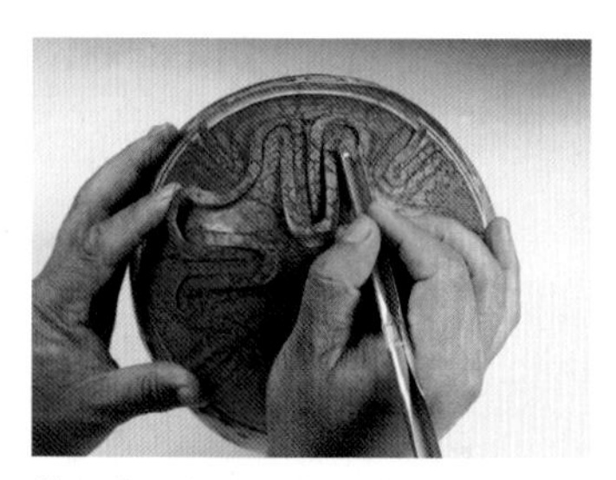

第八步　以小圆为起点戳出另一组套环。

第九步　直刀雕一圆，斜刀雕下一月牙形废料，直刀雕出花瓣。

第十步　雕出玫瑰花。

第十一步　在侧面切一圆口，挖去瓜瓤。

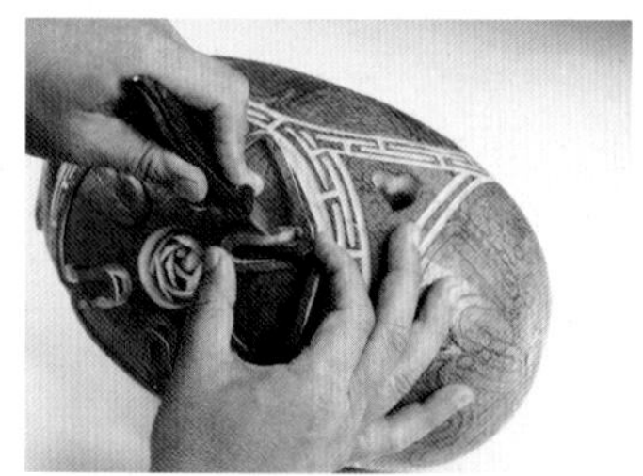

第十二步　将套环揭起，切开瓜皮。

第十三步　使套环能从里向外推开。

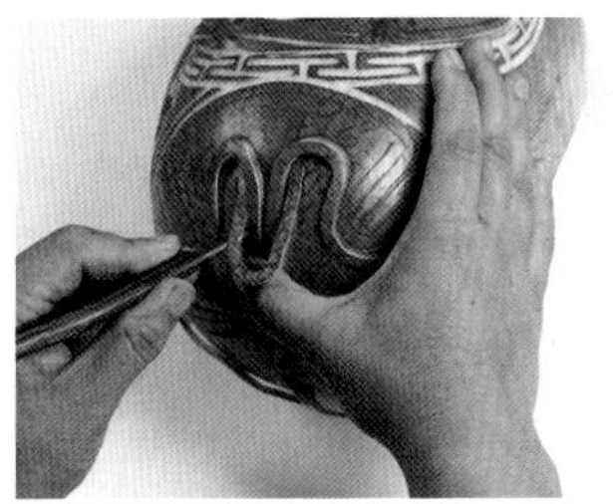
第十四步　切开顶部套环的小套环。

第十五步　使西瓜顶部能向外推出。

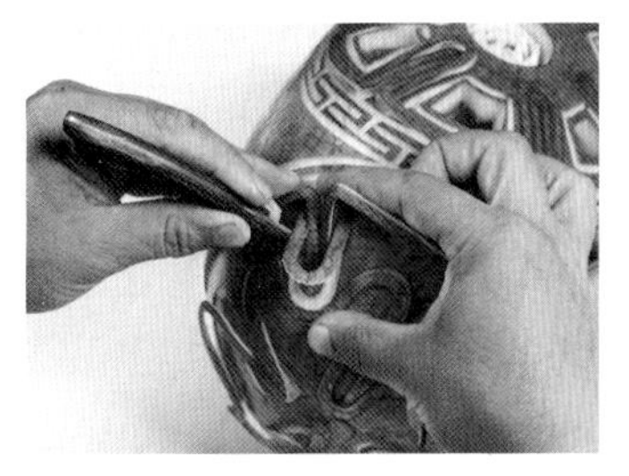
第十六步　再将西瓜顶部的大套环切开。

第十七步　使大套环能向外推出。

第十八步　将整个西瓜放清水中略泡一会，控净水，内置小灯泡即可。

第十九步　完成。

44. 西瓜樽

第一步　用U形戳刀在西瓜的顶部戳一圈装饰环。

第二步　在西瓜的侧面戳四个圆（两个大一点，两个小一点）。

第三步　在小圆中用套环刀挑出一组套环。

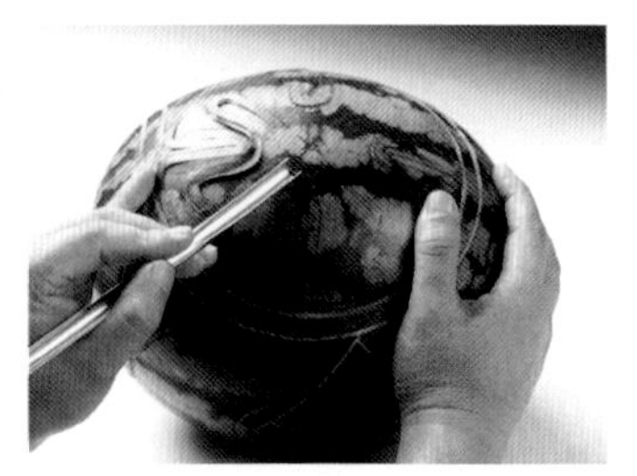

第四步　在套环的中间，再挑出一组弯曲的套环。

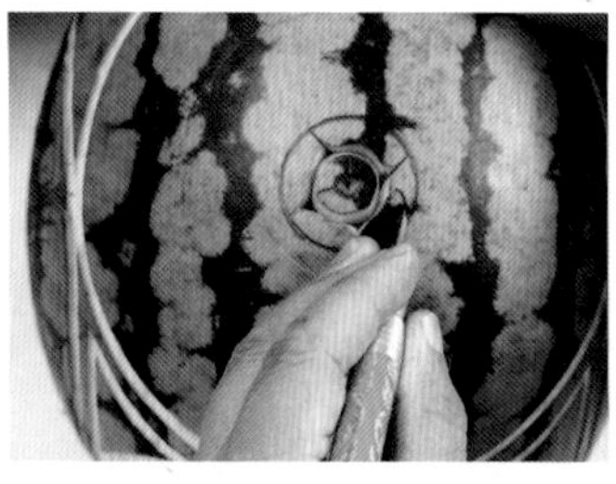

第五步　在大圆的中央，雕出四个花瓣轮廓。

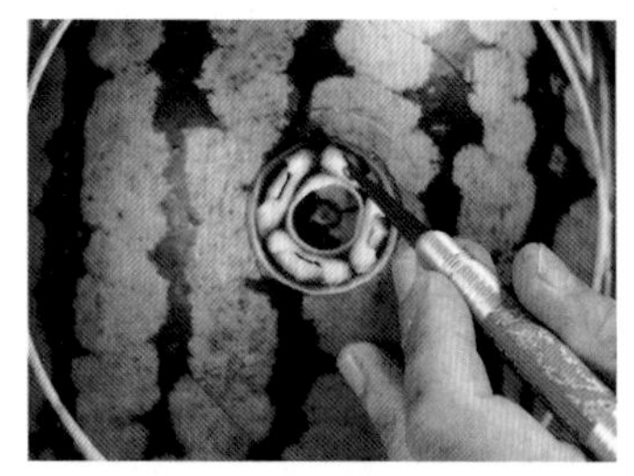

第六步　将花瓣两端修尖，旋刀雕出外翻花瓣。

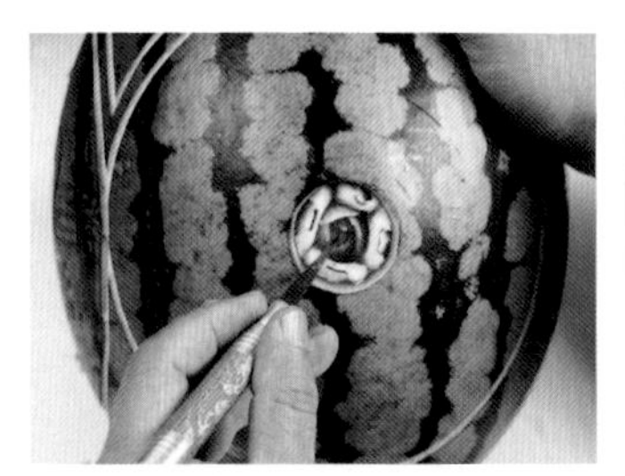

第七步　雕出花心。

第八步　向外雕出花瓣轮廓。

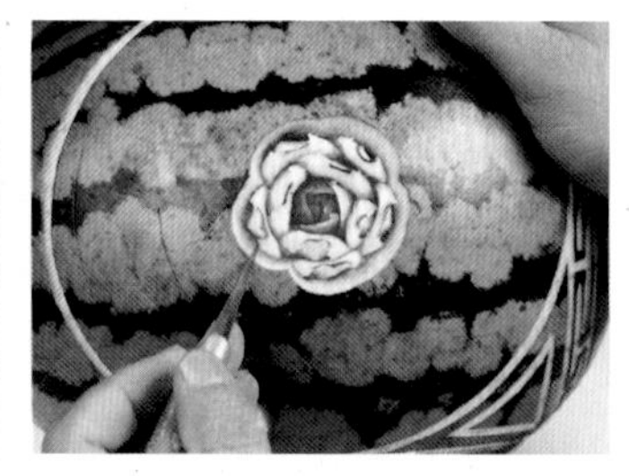

第九步　再雕出一圈外翻花瓣。

第十步　雕出一圈反向圆弧。

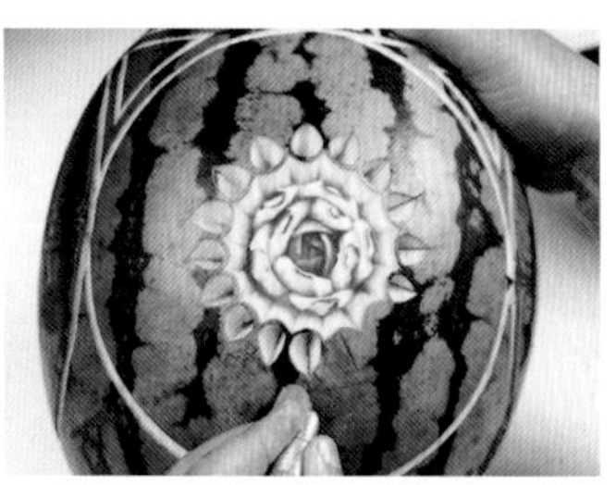

第十一步　雕出一圈小水滴。

第十二步　雕出两圈水滴图案，然后削瓜皮，画出八个小圆。

第十三步　雕出一圈玫瑰花，在花的中间雕出鱼鳞状叶片。

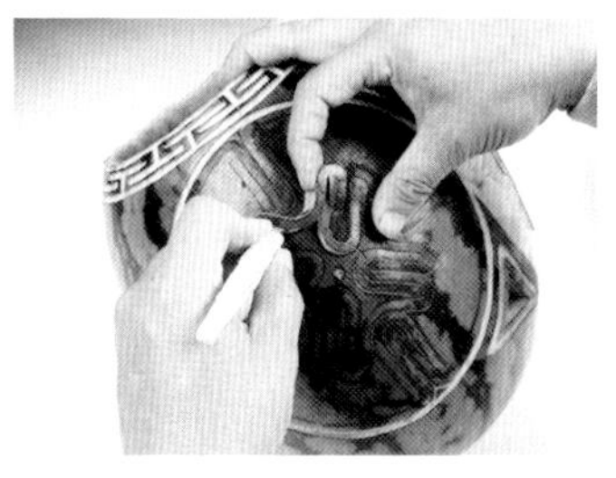

第十四步　在西瓜顶部切开圆盖，挖净瓜瓤，然后在小圈套环的底下将瓜皮切开。

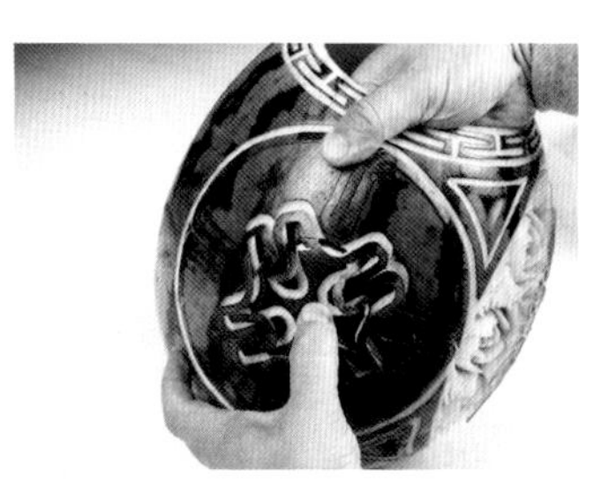

第十五步　使小圆能向外推开。

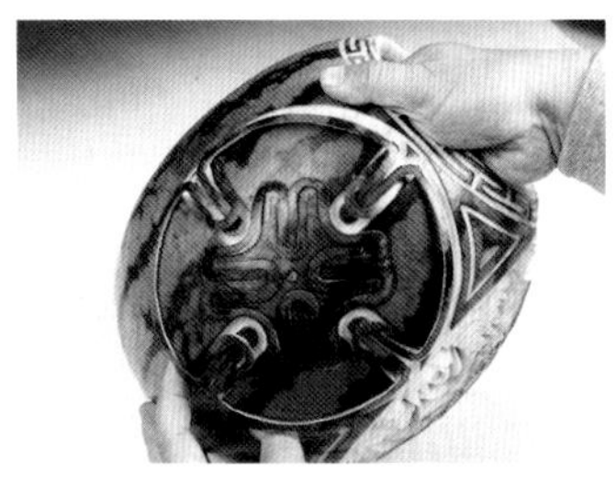

第十六步　再将大套环底下的瓜皮切开，使之能推开。

第十七步　另取一个西瓜，从中间切两半。

第十八步　在顶部的西瓜上，先雕出瓜皮翘起的花瓣。

第十九步　再雕出羽毛状的花瓣。

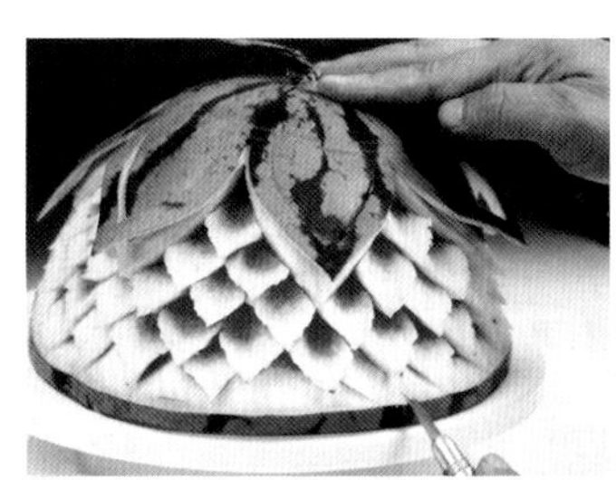

第二十步　一直雕到边缘。

第二十一步　另一半西瓜雕底座。

第二十二步　取萝卜厚片雕出樽耳。

第二十三步　将瓜灯、底座、瓜盖、樽耳组装在一起，瓜灯中安上灯泡，瓜盖中倒入些液氮。

第二十四步　完成。

45. 依恋

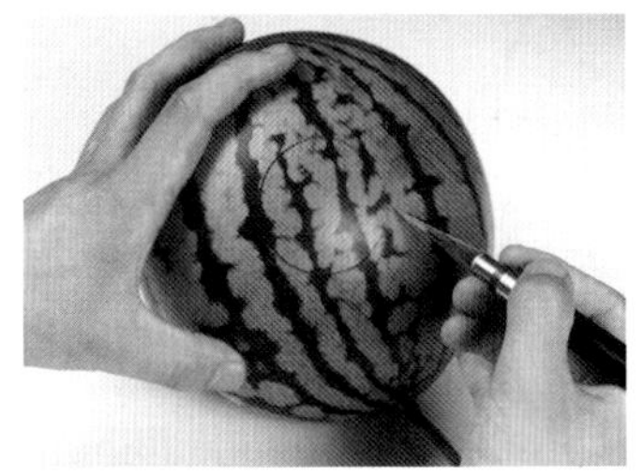

第一步　用圆规画一个圆，然后直刀雕出这个圆。

第二步　雕出第一层五片花瓣的轮廓。

第三步　将花瓣两端修尖，然后旋刀雕出外翻花瓣。

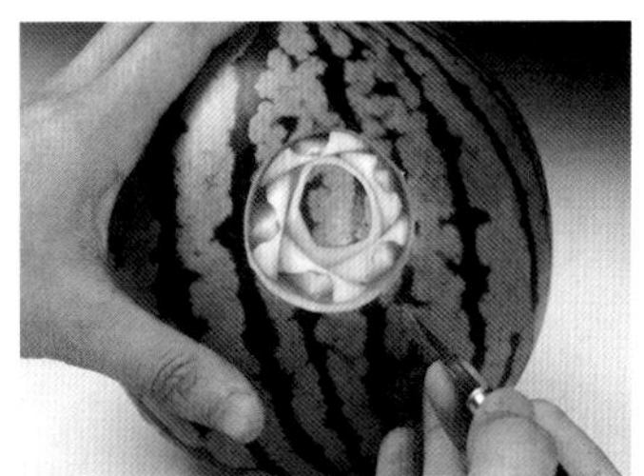

第四步　雕出第一层外翻花瓣。

第五步　向内雕出花心。

第六步　向外雕出花瓣的轮廓。

第七步　旋刀雕出外翻花瓣。

第八步　直刀雕出旁边的圆。

第九步　向内雕出玫瑰花。

第十步　剔掉花周围原料。

第十一步　雕出若干个圆弧。

第十二步　雕出一月牙形。

第十三步　再雕出一月牙形。

第十四步　再雕出月牙形。

第十五步　雕出小水滴。

第十六步　直刀雕出水滴图案的边缘。

第十七步　剔一圈废料即可。

46. 百财聚首

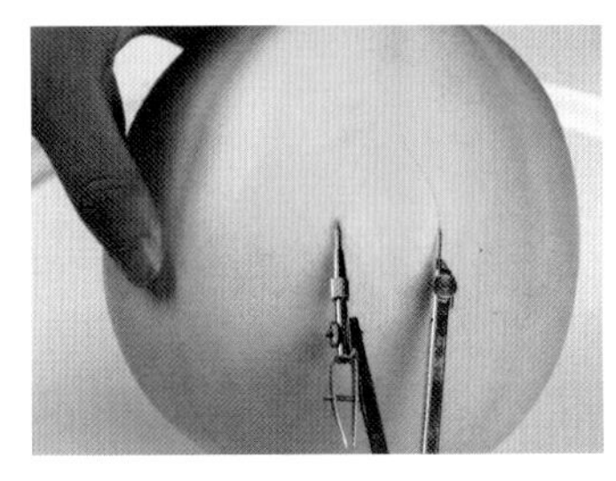

第一步　用圆规在伊丽莎白瓜表面画圆。

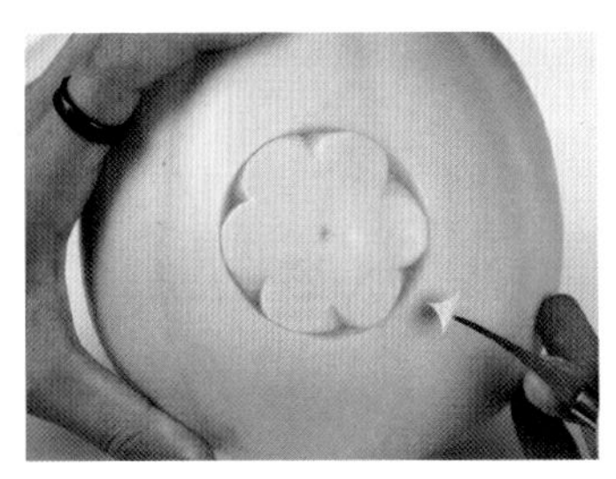

第二步　直刀雕出这个圆，平分六份，然后雕出六个V字形。

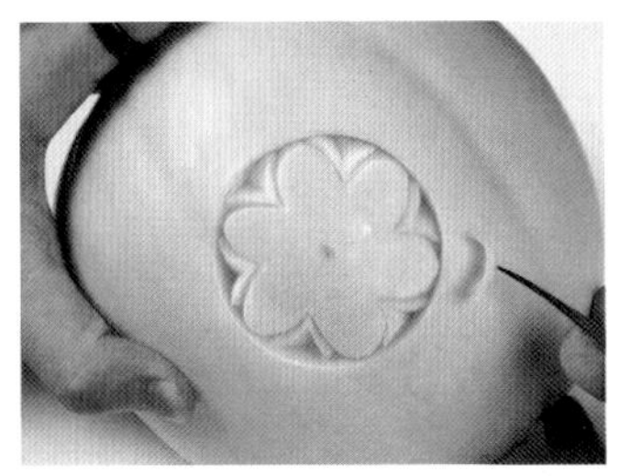

第三步　抖刀雕出六个V字形花瓣，剔去废料。

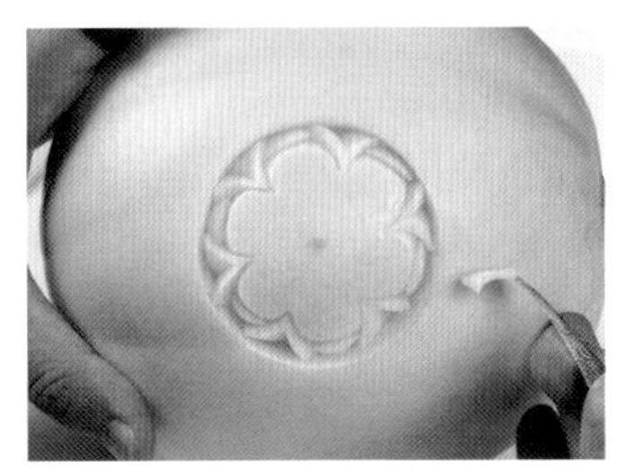

第四步　在两个V字形叶片中间抖刀雕出圆形花瓣。

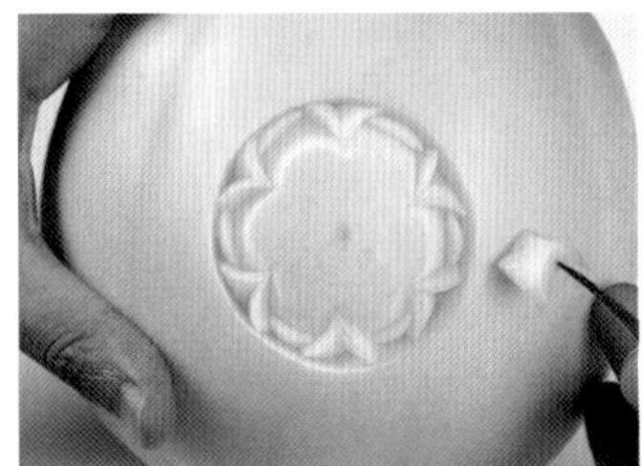

第五步　斜刀剔去一圈废料。

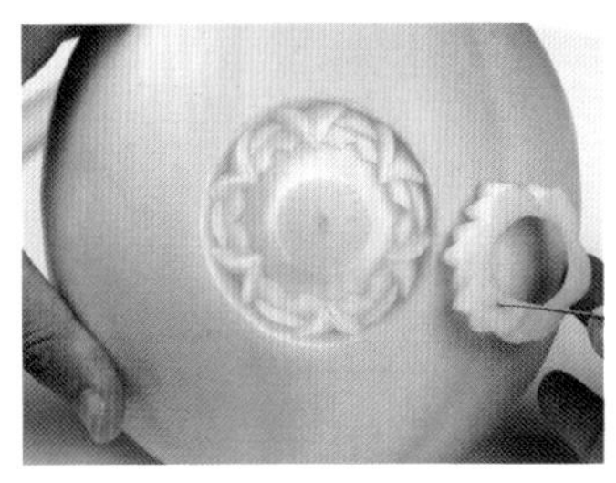

第六步　抖刀雕出W形花瓣，剔一圈废料。

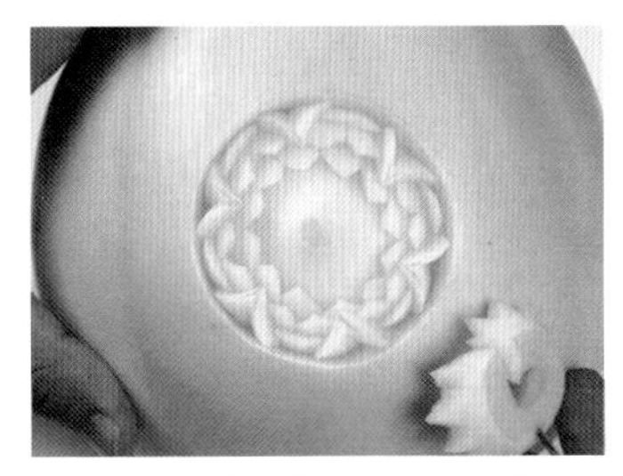

第七步　雕出一圈尖形花瓣，剔一圈废料。

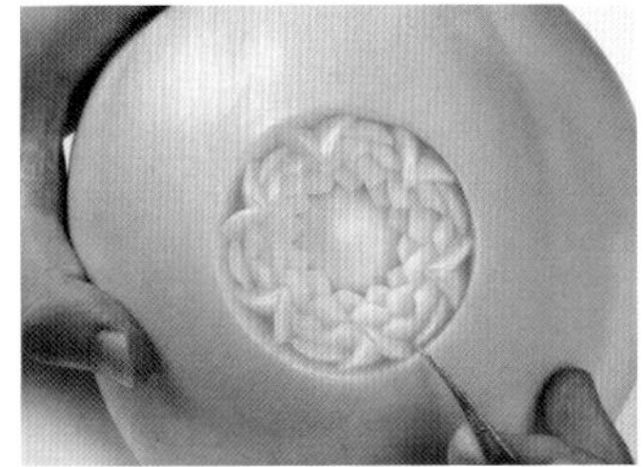

第八步　继续雕花瓣，剔废料。

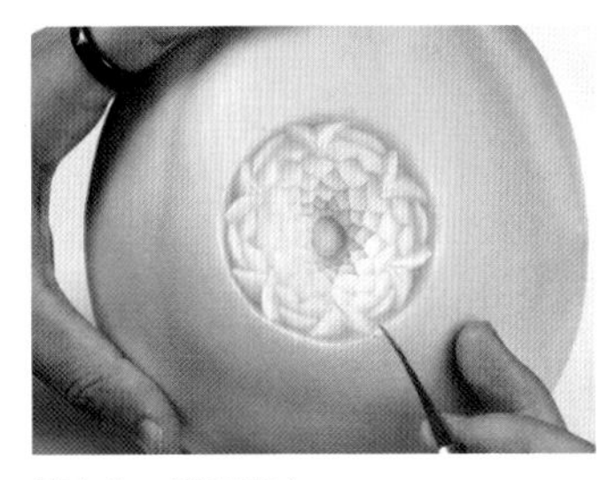

第九步　雕至花心。

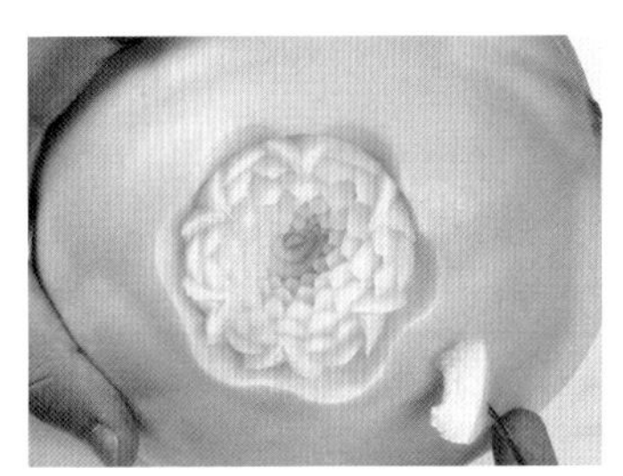

第十步　斜刀向外雕出六个花瓣形废料。

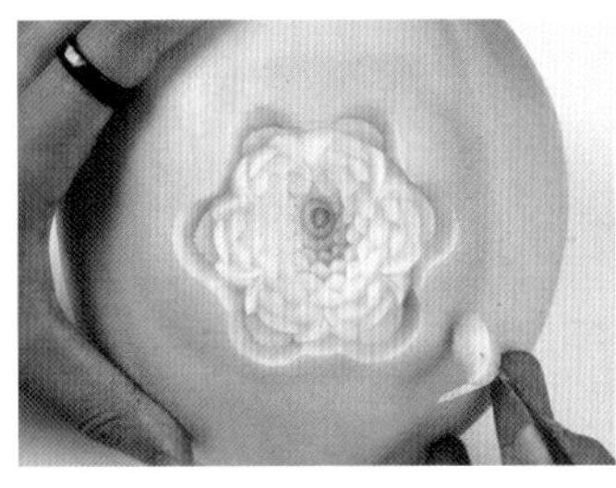

第十一步　抖刀雕出圆形花瓣，剔废料。

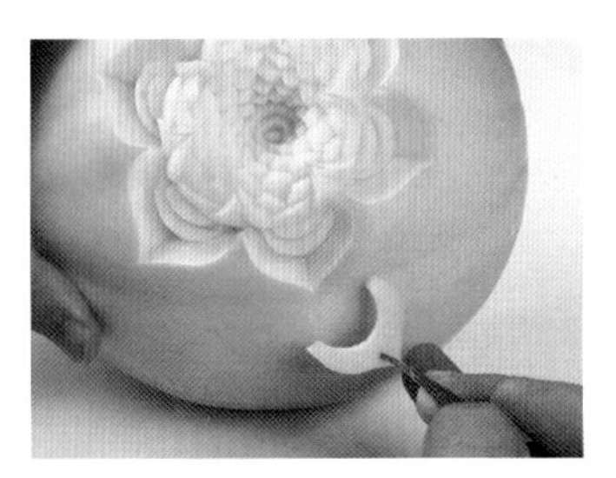

第十二步　再抖刀雕出圆形花瓣，剔出V形废料。

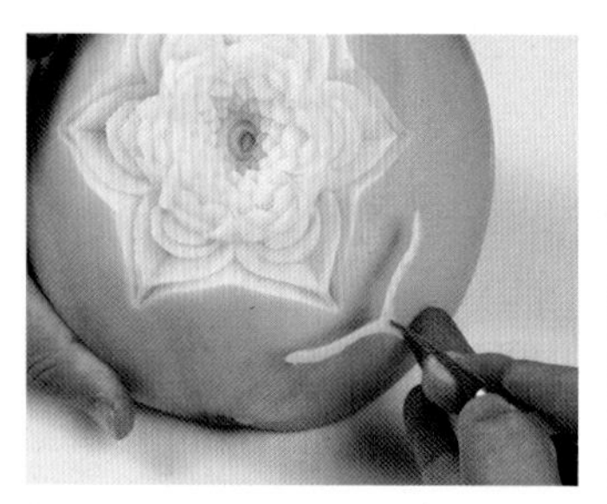

第十三步　抖刀雕出V形花瓣，剔废料。

第十四步　对称雕出两个水滴。

第十五步　再雕出两个水滴。

第十六步　再雕出两个水滴。

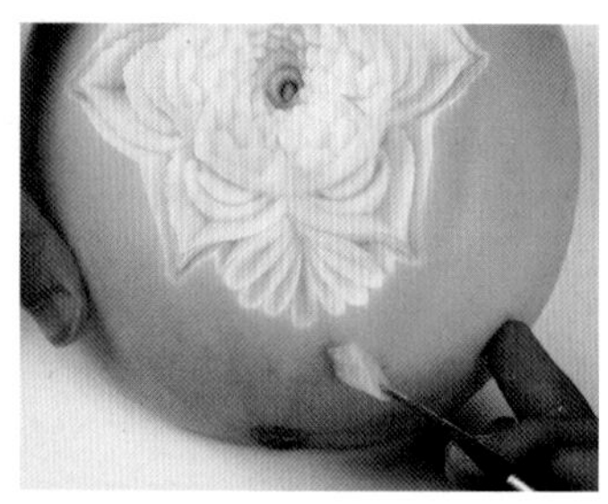

第十七步　雕出中间的一个水滴。

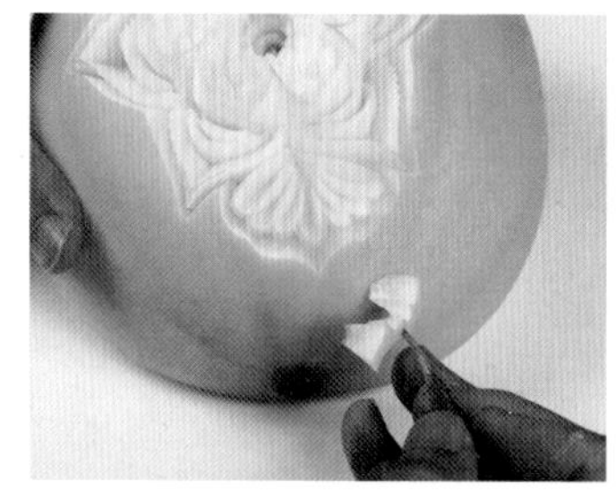

第十八步　直刀雕出边线，斜刀剔废料。

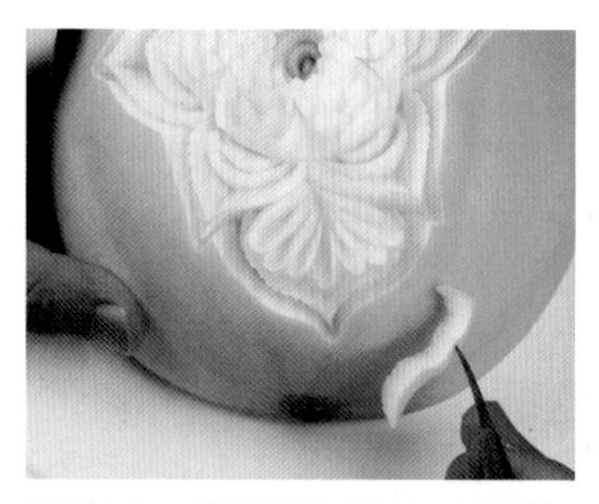

第十九步　抖刀雕出大叶片，剔废料。

第二十步　相同的方法雕出一圈图案。

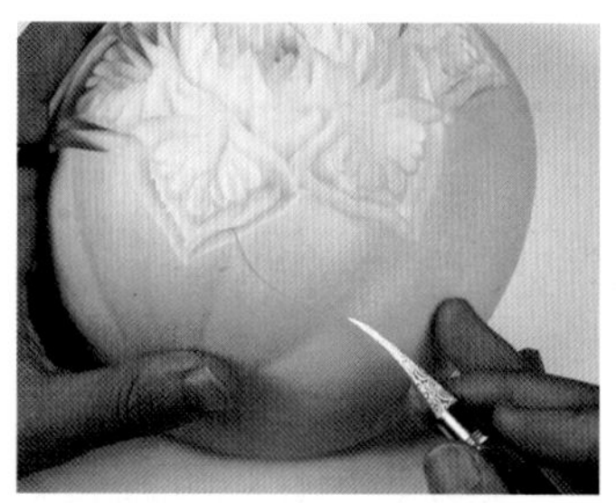

第二十一步　直刀雕出V字形。

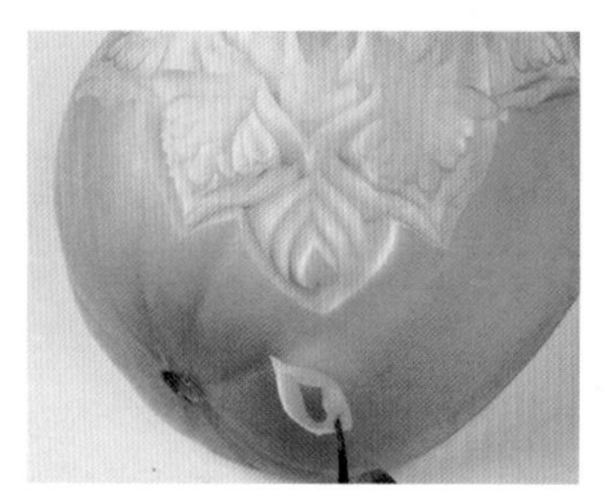

第二十二步　雕出竹笋叶。

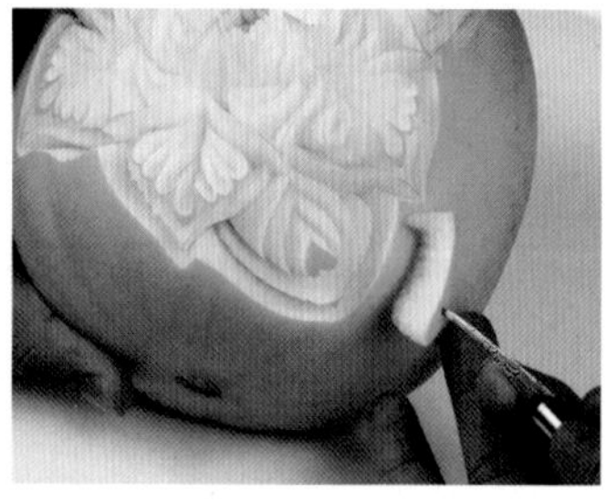

第二十三步　在竹笋叶下面再抖刀雕出一片大V形叶子，剔废料。

第二十四步　相同的方法雕至一圈。

第二十五步　完成。

47. 一往情深

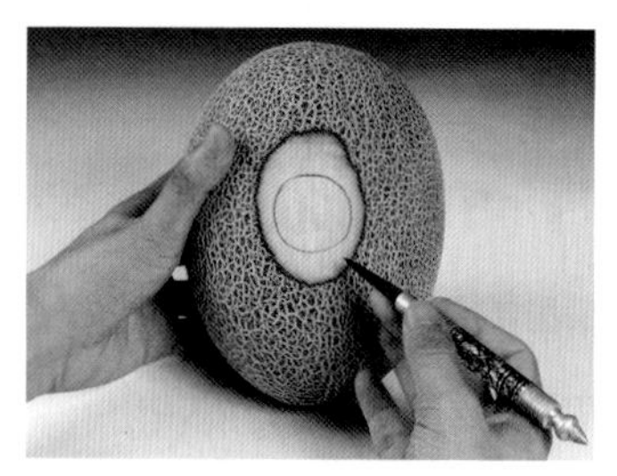

第一步　网纹瓜削皮，用模子压一个圆，然后直刀雕出这个圆。

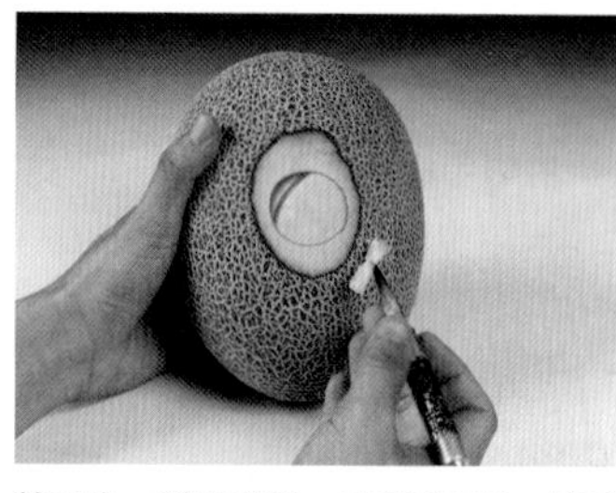

第二步　斜刀雕下一月牙形废料，然后直刀雕出一圆形花瓣，剔下一条废料。

第三步　再斜刀剔废料，直刀雕花瓣，如此重复，雕至花心。

第四步　再向外抖刀雕出一齿状花瓣，剔一条废料。

第五步　雕出一层齿状花瓣后，向外雕下一波浪形原料。

第六步　雕下双波浪花纹，雕出一圈。

第七步　向外雕出V形花瓣状原料。

第八步　抖刀雕出尖形花瓣，剔废料。

第九步　雕出一周双层花瓣，剔废料。

第十步　雕出小尖花瓣。

第十一步　连续雕出几片小尖花瓣。

第十二步　雕出蝴蝶状叶子。

第十三步　完成。

48. 金玉良缘

第一步　用圆规在网纹瓜表面画一个大圆，然后在圆的上端雕出一个小圆。

第二步　从圆的边缘向内雕出玫瑰花。

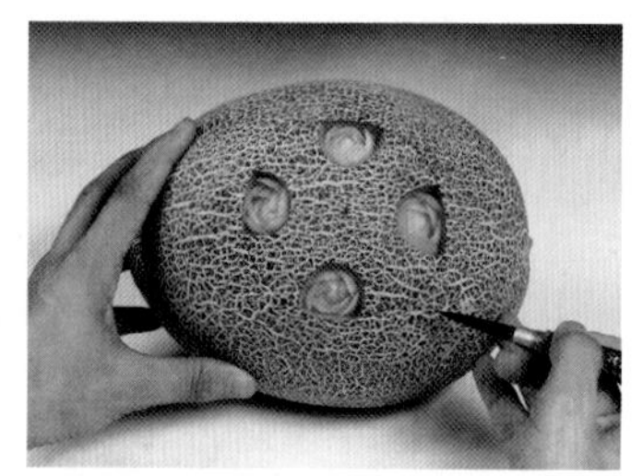

第三步　共雕出四朵玫瑰花。

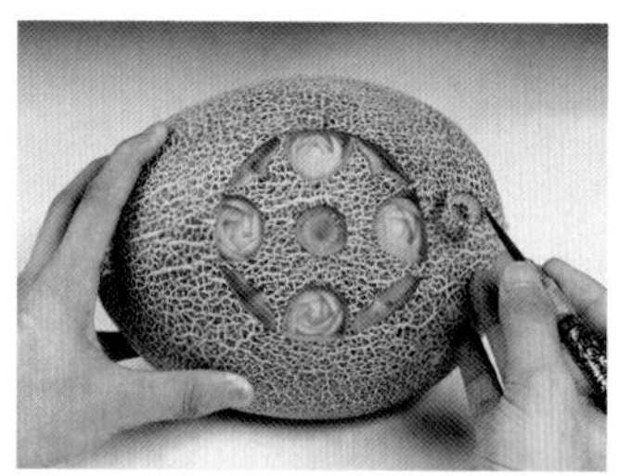

第四步　从大圆的边缘向内雕下波浪形废料。

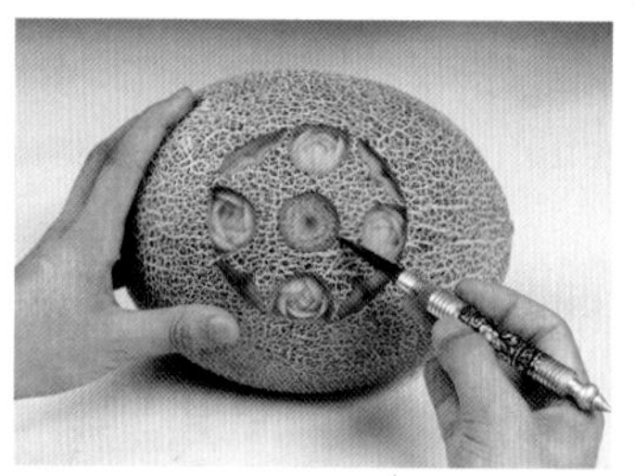

第五步　在大圆的中心雕出齿状花心。

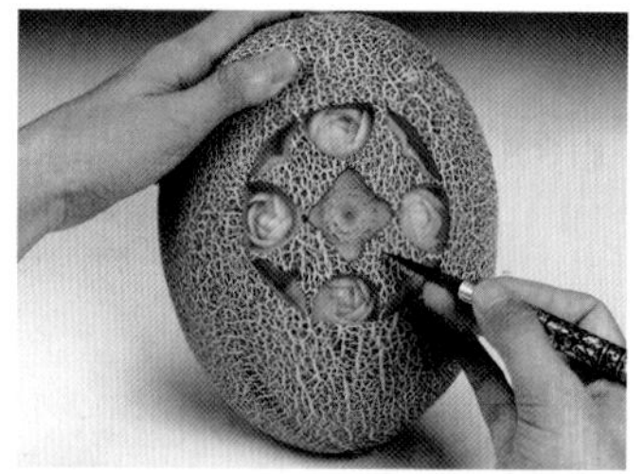

第六步　向外雕出四片花瓣。

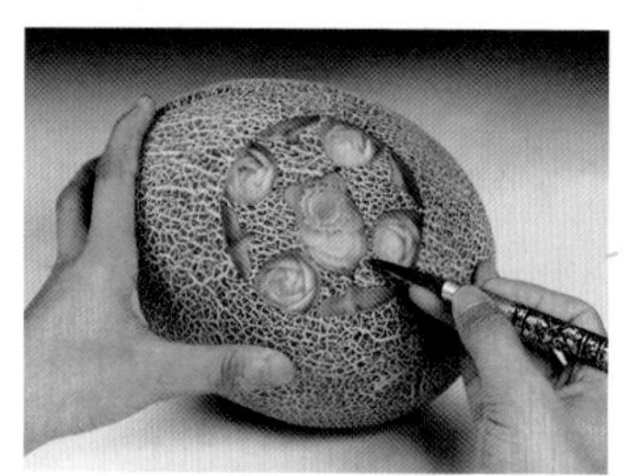

第七步　雕出第二层双层花瓣。

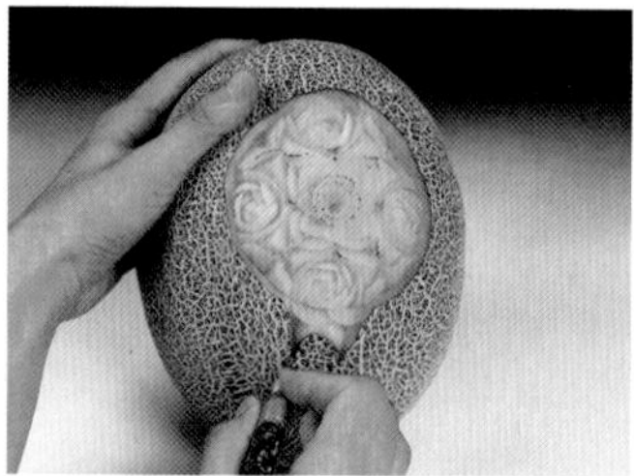

第八步　向外雕出竹笋叶轮廓。

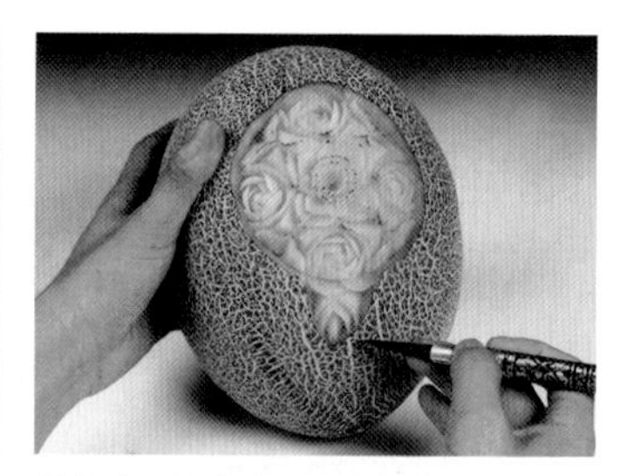

第九步　雕出上下两个竹笋叶。

第十步　雕出一圈心形。

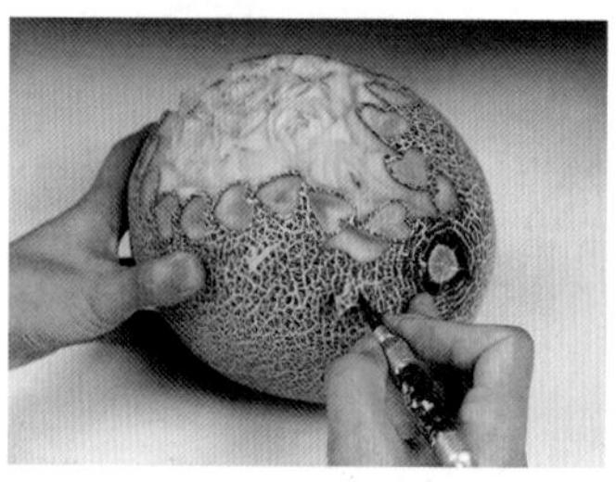

第十一步　雕下波浪形原料。

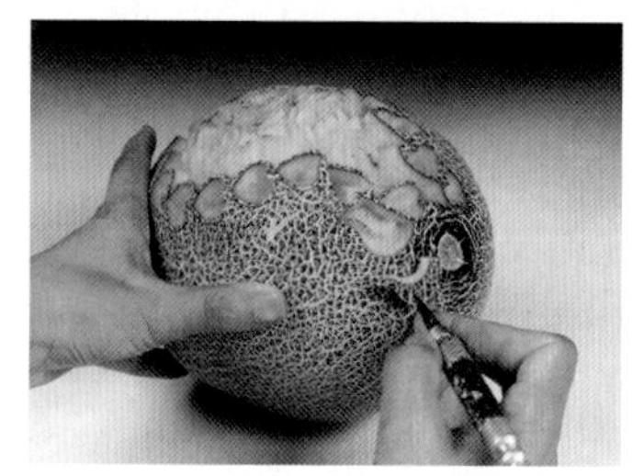

第十二步　雕出波浪纹。

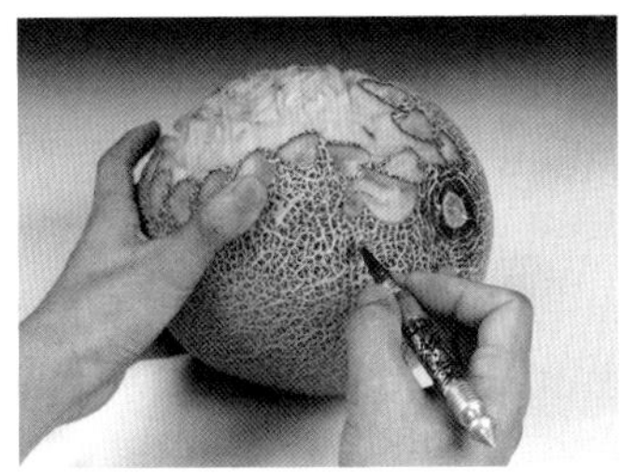

第十三步　旋刀雕下圆孔。

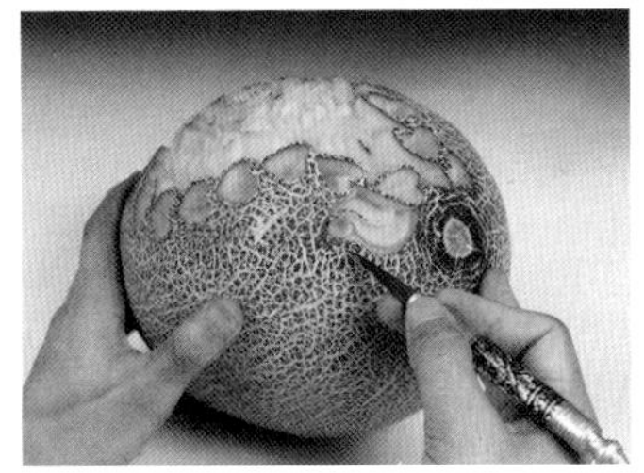

第十四步　雕出第二层波浪纹，剔下废料。

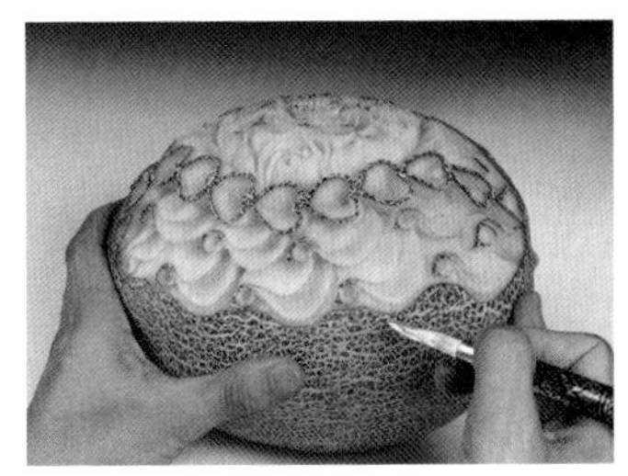

第十五步　雕出两层双波浪纹，剔废料。

第十六步　完成。

49. 闺密

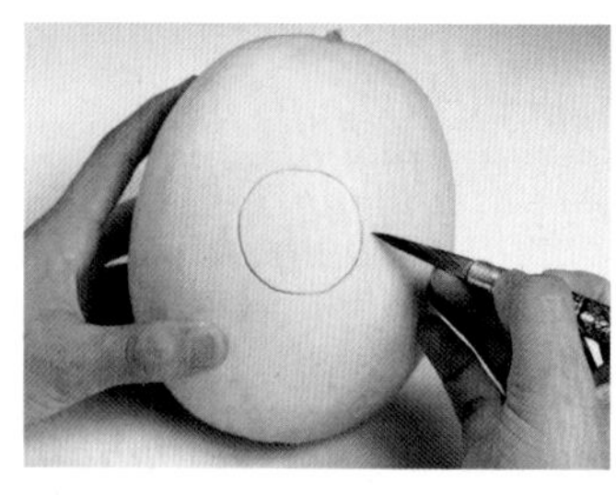
第一步　用圆规画出圆，然后直刀雕出圆。

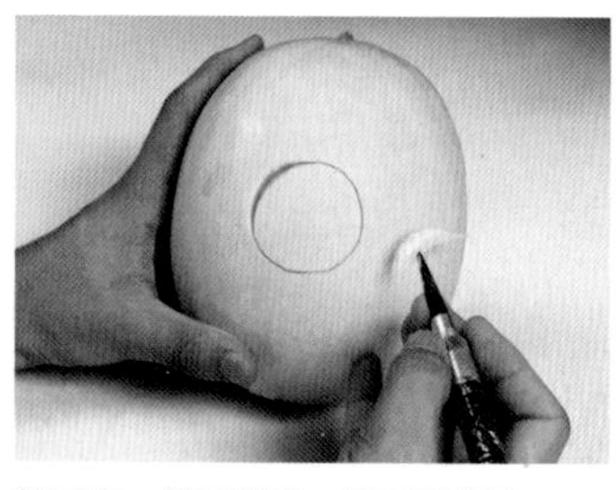
第二步　斜刀雕下一月牙形废料。

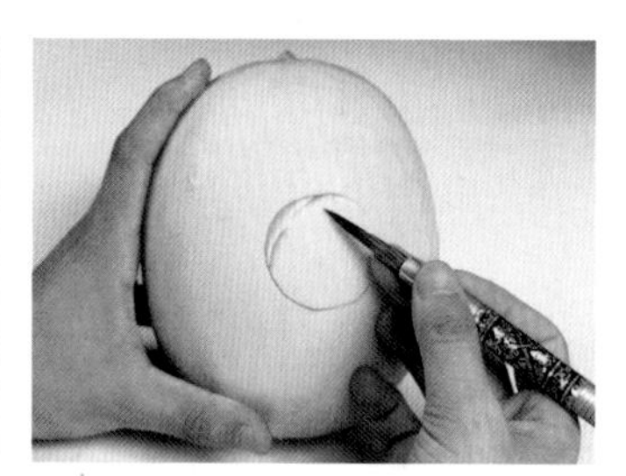
第三步　直刀雕出花瓣，剔下一条废料。

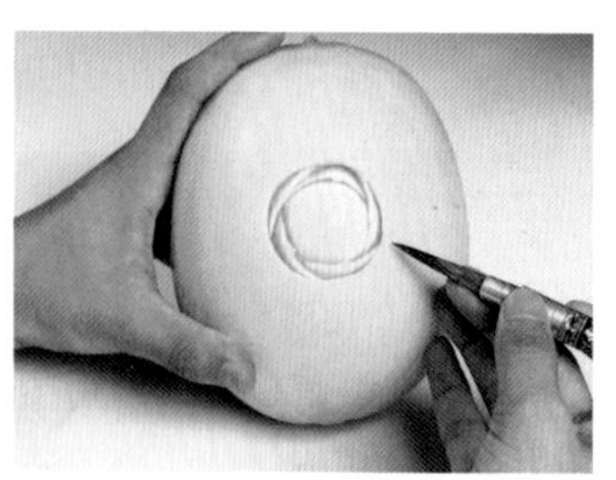
第四步　如此重复雕出第一层花瓣。

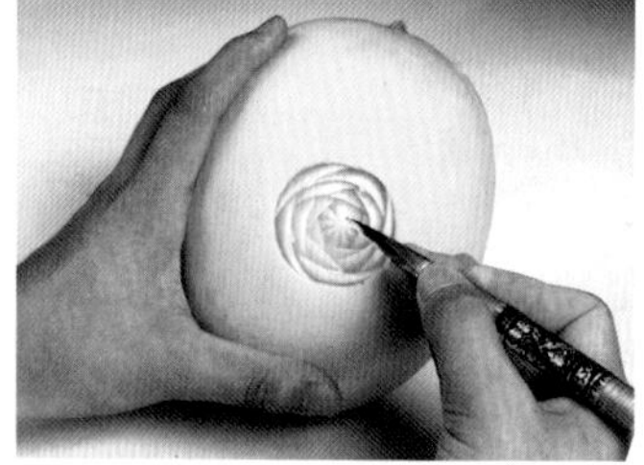
第五步　雕出两层花瓣后，雕出花心。

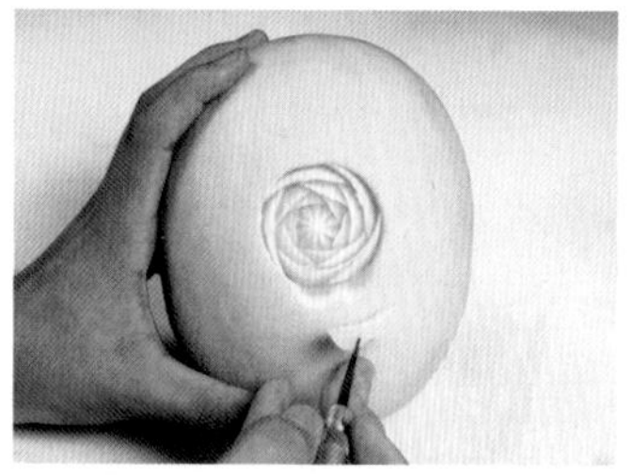
第六步　向外斜刀剔除波浪形废料。

第七步　直刀雕出花瓣。

第八步　雕出第一层花瓣。

第九步　直刀在旁边雕一个圆。

第十步　雕出第二朵花。

第十一步　雕出第三朵花。

第十二步　雕出几片竹笋叶。

第十三步　雕出一片带筋叶子。

第十四步　雕出一圈带筋叶子。

第十五步　在叶子底下雕出一圈V形槽。

第十六步　完成。

50. 一世繁华

第一步　将南瓜凸起的顶部切掉。

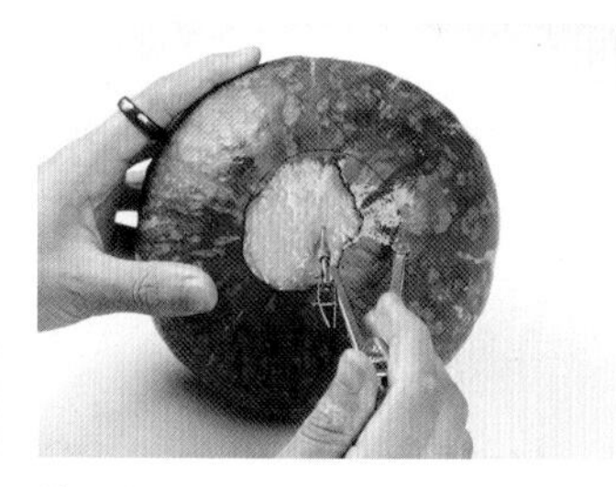
第二步　找出中心点，用圆规画出一个圆。

第三步　直刀雕出这个圆。

第四步　将圆八等分。

第五步　直切一刀，在右面雕出弧线。

第六步　雕出弧线，然后在下面雕出波浪线。

第七步　雕出波浪线的下面，顺势斜刀雕出小圆。

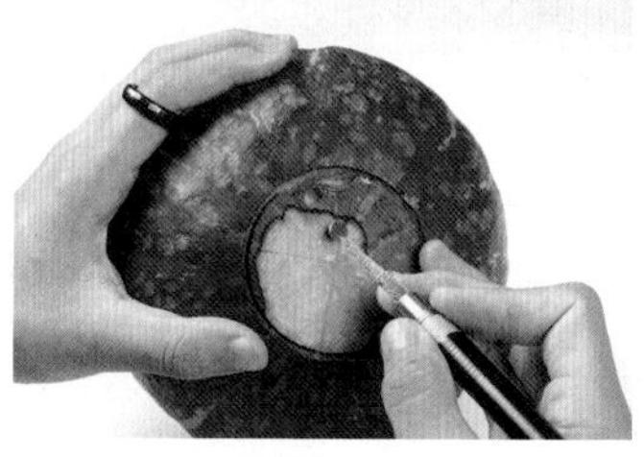
第八步　取下圆锥形废料。

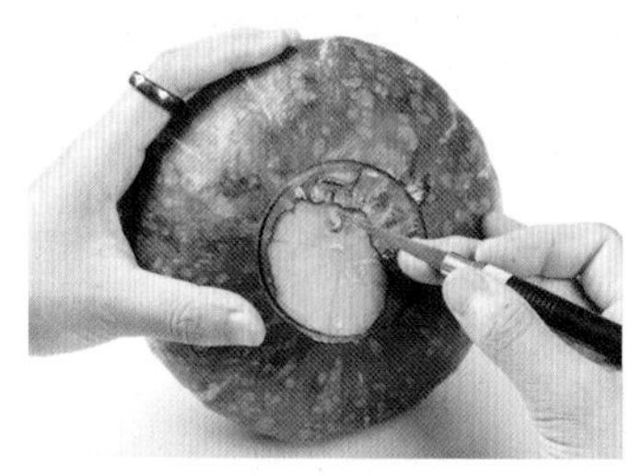
第九步　剔下波浪线和小圆下面的废料。

第十步　雕出一圈这样的图案，共八个。

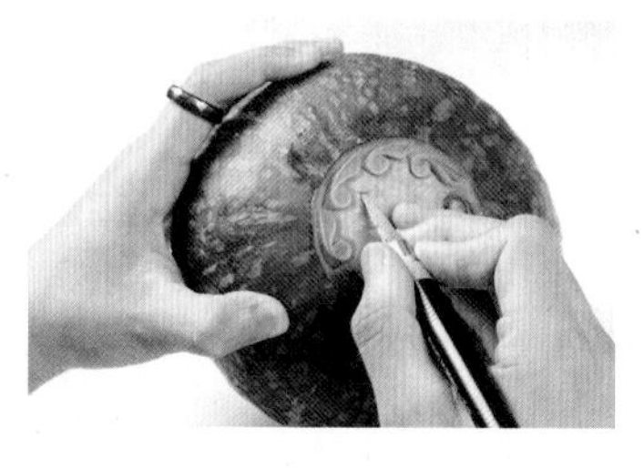
第十一步　斜刀雕下一圆弧。

第十二步　抖刀雕出尖形叶片。

第十三步　同样方法雕出一圈八片叶子。

第十四步　再雕出一圈叶子。

第十五步　一直雕到中心。

第十六步　斜刀向外雕出一段波浪线。

第十七步　直刀雕出波浪线的下缘，斜刀剔下一条废料。

第十八步　抖刀雕出第二层波浪线和左侧的实心圆，剔下废料。

第十九步　在实心圆内斜刀雕出月牙形。

第二十步　取下废料，形成螺旋卷图案。

第二十一步　雕出另外七个波浪线。

第二十二步　再抖刀雕出第二层波浪线和螺旋卷。

第二十三步　在螺旋卷下面抖刀雕出一片叶子。

第二十四步　再雕出一层叶子。

第二十五步　雕出一个心形，剔去周围废料。

第二十六步　同样方法再雕出三个心形。

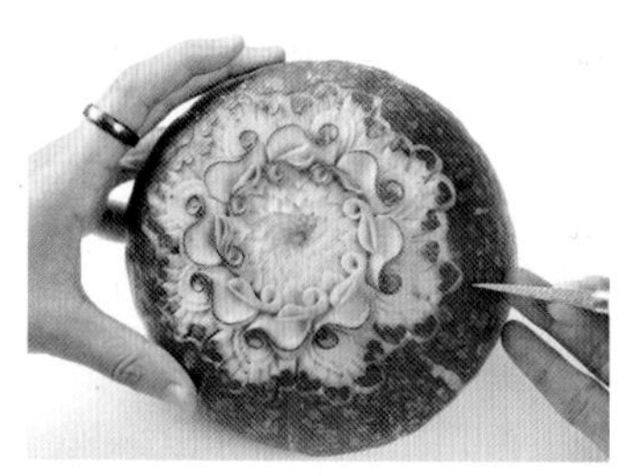

第二十七步　雕出一圈心形。

第二十八步　每四个心形下面雕出一个大V字形。

第二十九步　抖刀雕出大V形叶片。

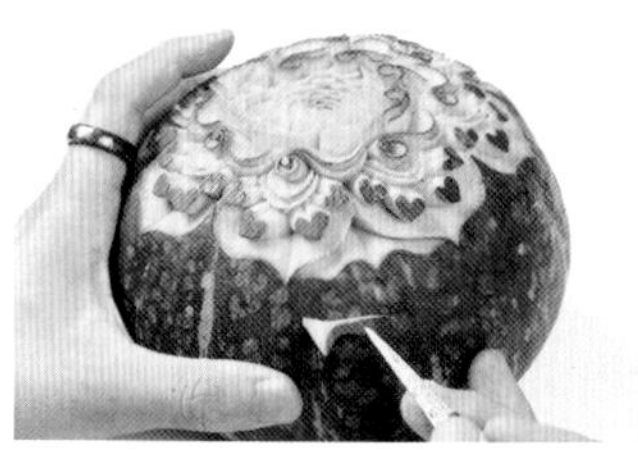

第三十步　在两片叶子之间斜刀去废料，雕出大雁翅膀形波浪线，雕出波浪线的下缘和一个水滴。

第三十一步　在波浪线的两端雕出两个圆。

第三十二步　如此重复雕满一圈。

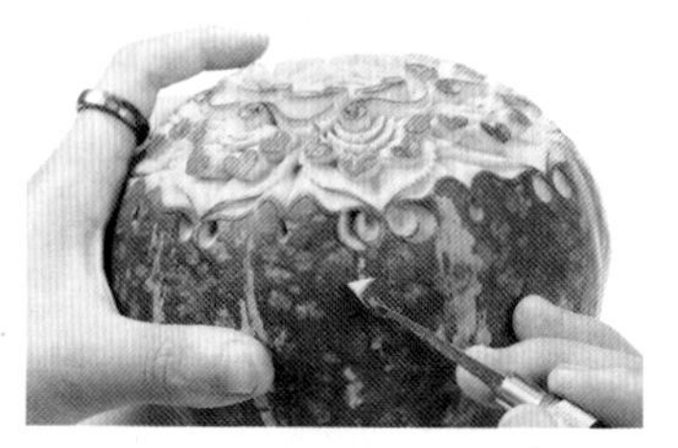

第三十三步　在圆的两侧各雕一个月牙形。

第三十四步　在圆的下面再雕一个水滴。

第三十五步　直刀雕出边线图案。

第三十六步　斜刀剔下图案外的一圈废料。

第三十七步　完成。

51. 富贵木瓜花

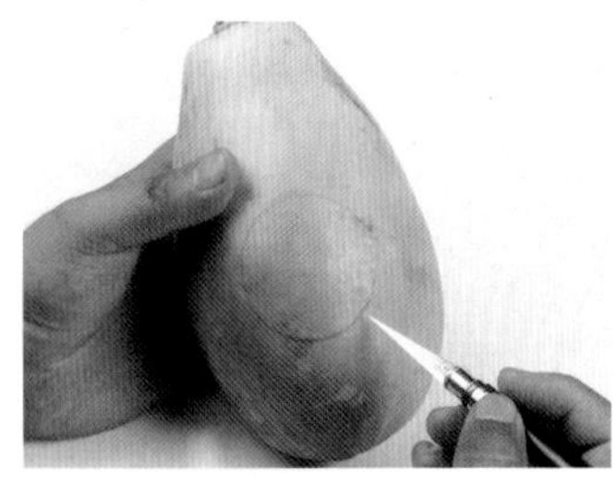

第一步　用模子在木瓜表面压圆，直刀雕出这个圆。

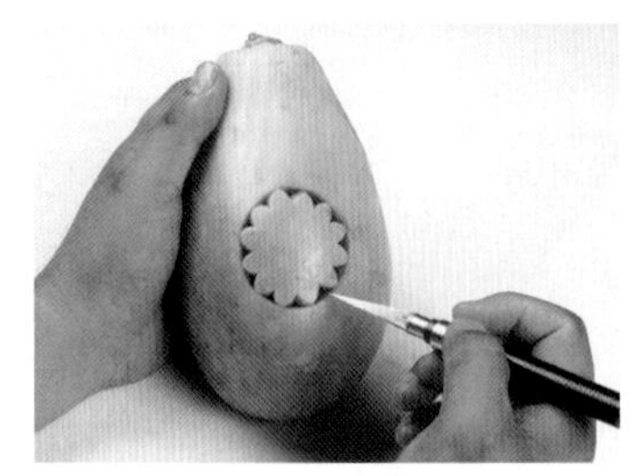

第二步　雕出十二个V形槽。

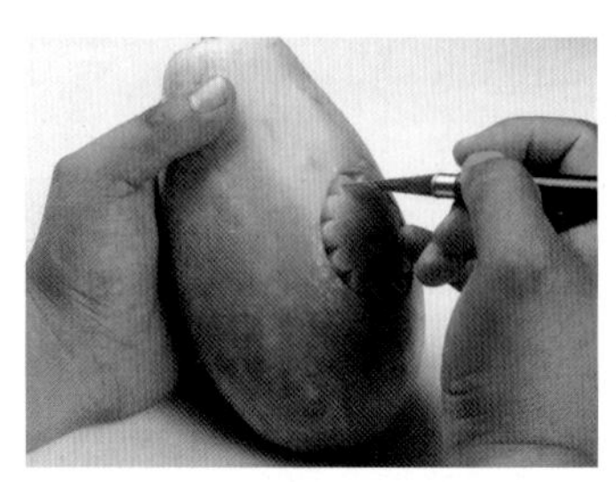

第三步　雕出一圈V形花瓣。

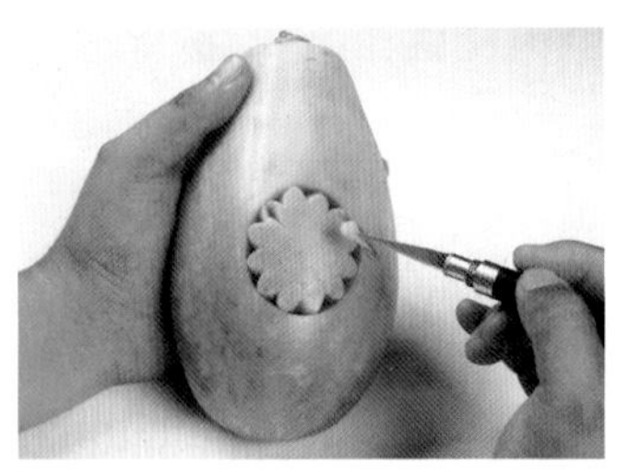

第四步　在两个花瓣之间雕下一尖形原料。

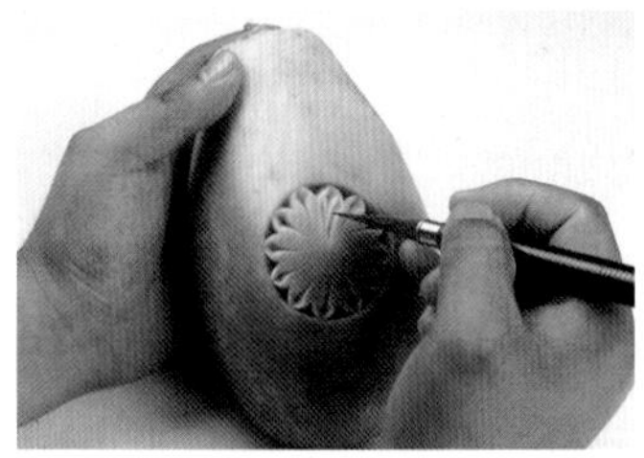

第五步　再雕下V形槽。

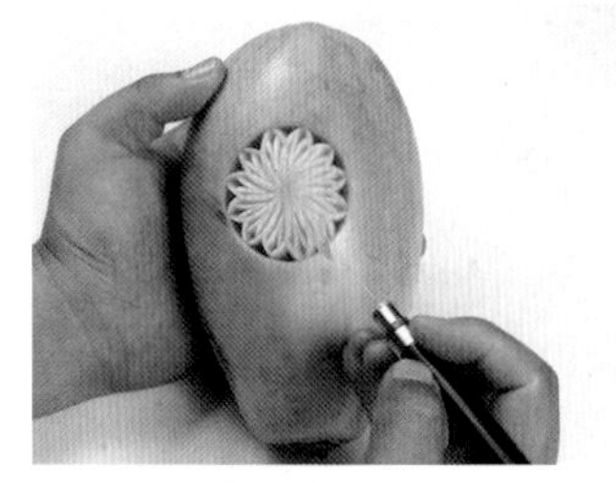

第六步　雕出一圈。

第七步　再雕出一圈V形槽。

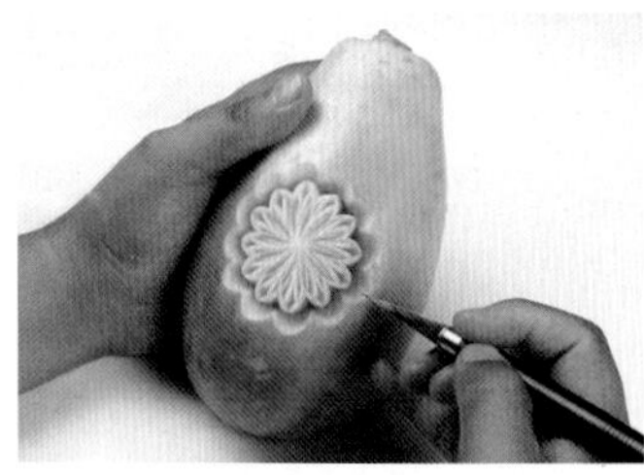

第八步　斜刀向外雕出一圈圆弧。

第九步　直刀抖刀雕出一圈花瓣，剔废料。

第十步　再雕出第二层花瓣。

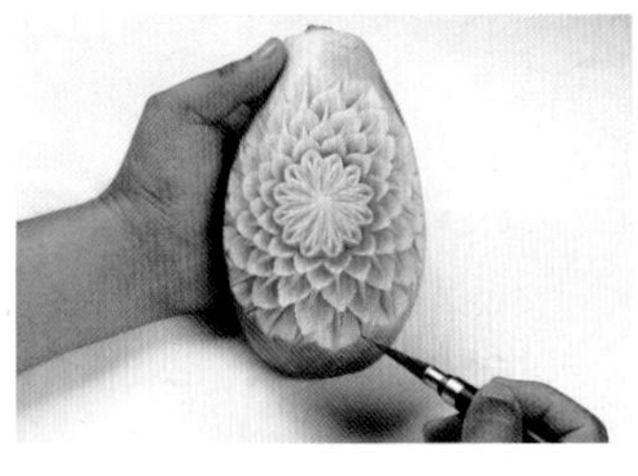

第十一步　如此重复，雕出第三层、第四层花瓣。

第十二步　雕至第五层花瓣时，在花瓣末端雕出两个小水滴。

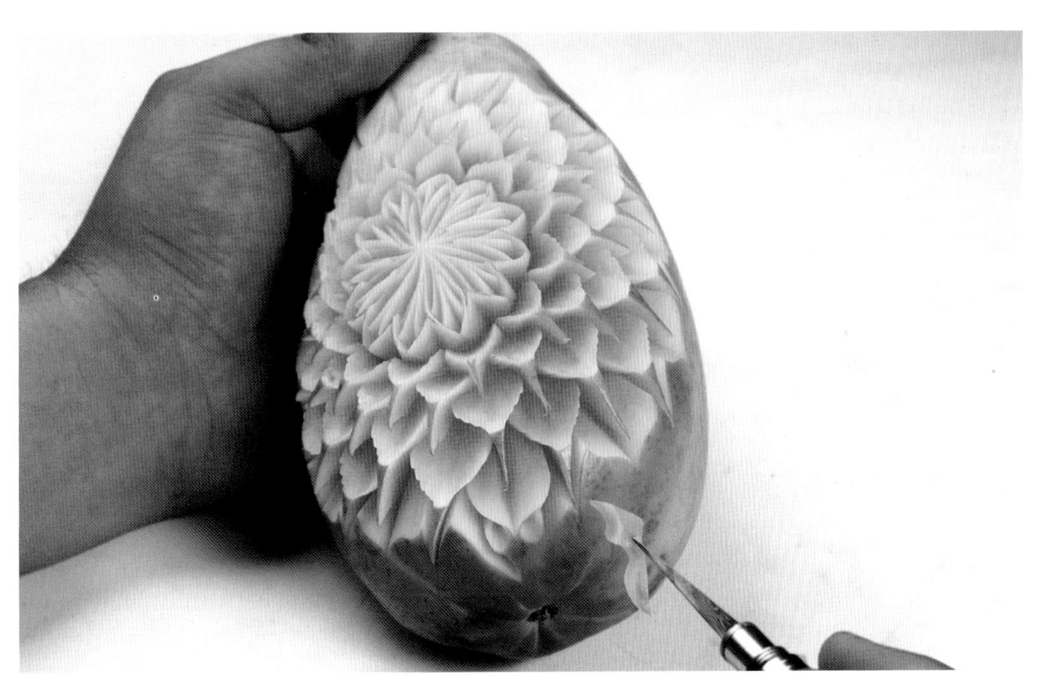

第十三步　剔废料，如此雕出一圈。

第十四步　完成。

52. 相知木瓜花

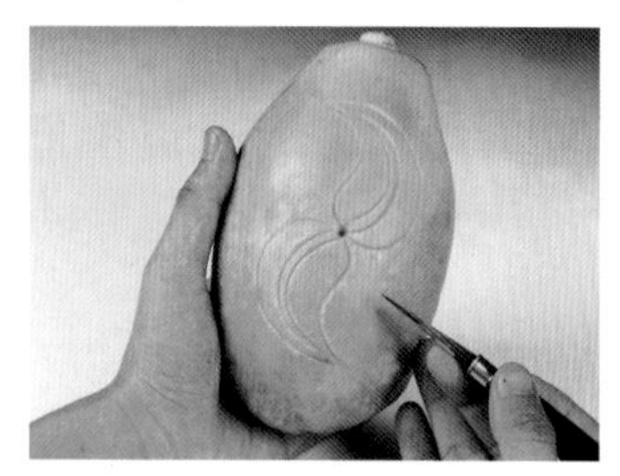

第一步　在木瓜表面雕出两片叶子。

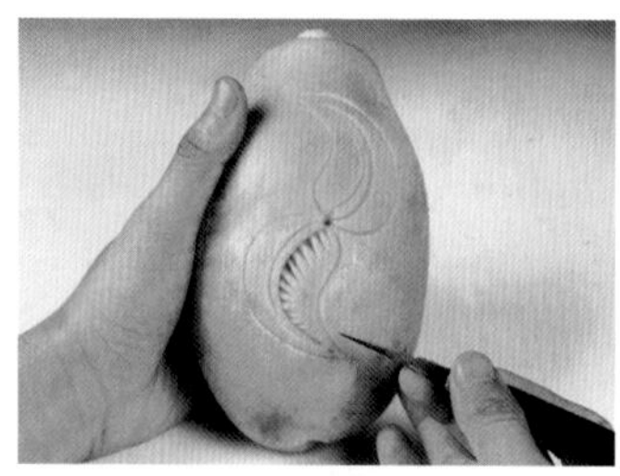

第二步　雕出叶子上的纹路。

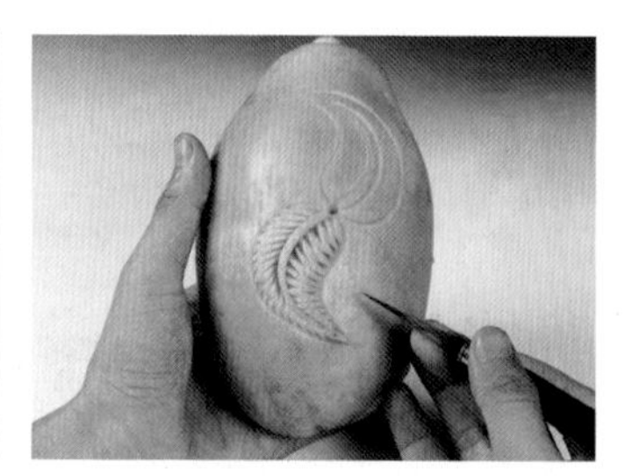

第三步　雕出叶子的边缘。

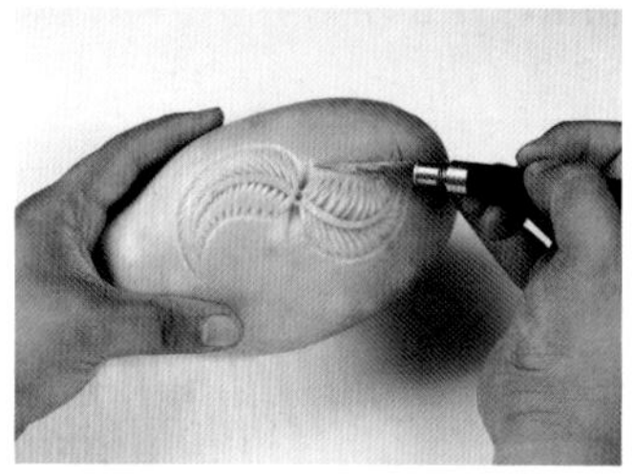

第四步　在叶子中间旋刀雕一小圆锥坑，然后向两侧雕出V形槽。

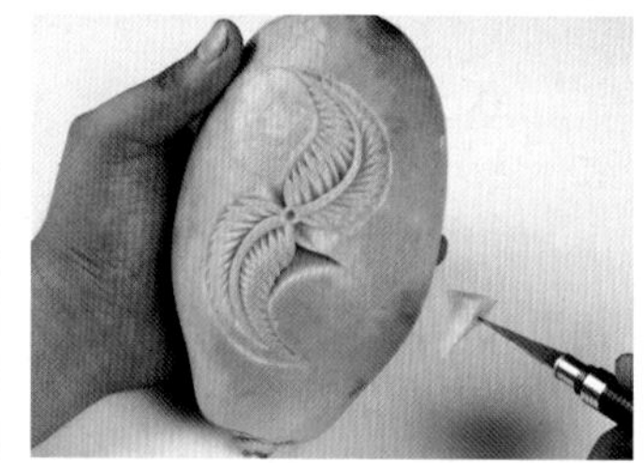

第五步　在叶子的侧面画一圆，剔下一块废料。

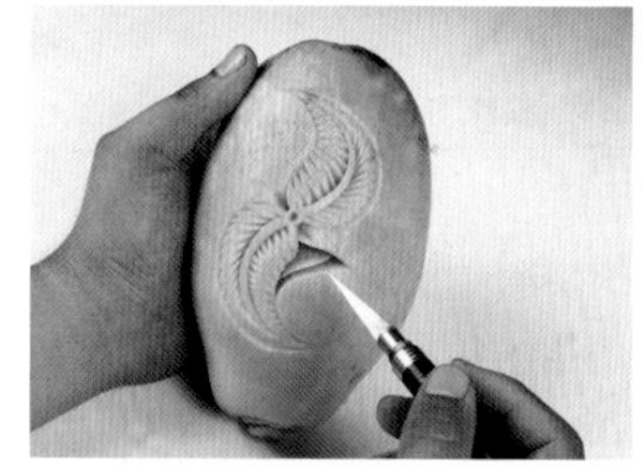

第六步　直刀雕出花瓣，剔废料。

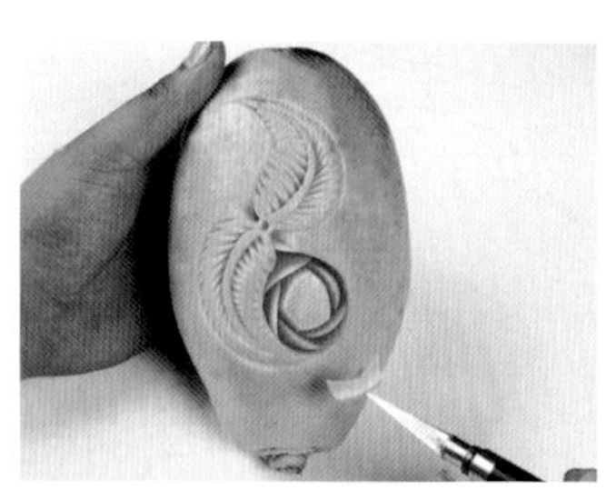

第七步　雕出第一层五片花瓣。

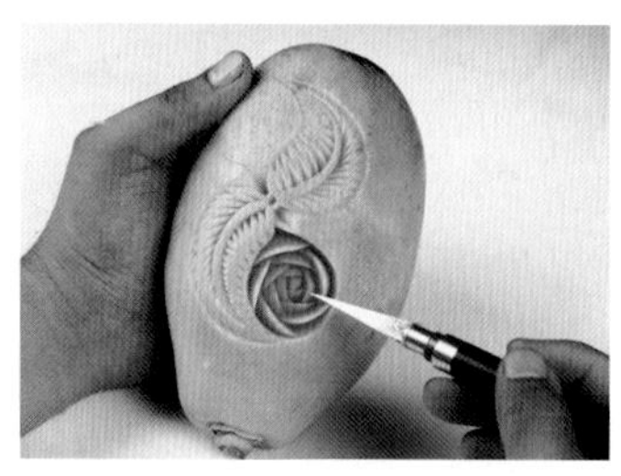

第八步　再雕出第二层花瓣，直至收心。

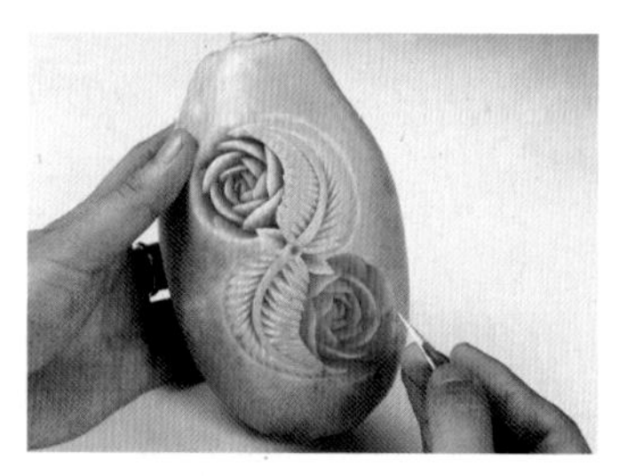

第九步　雕出另一朵花，并向外雕出一层花瓣。

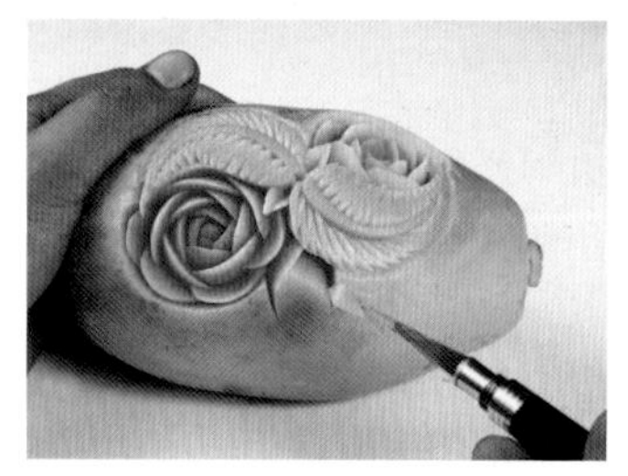

第十步　在花和叶子中间雕出竹笋叶雏形。

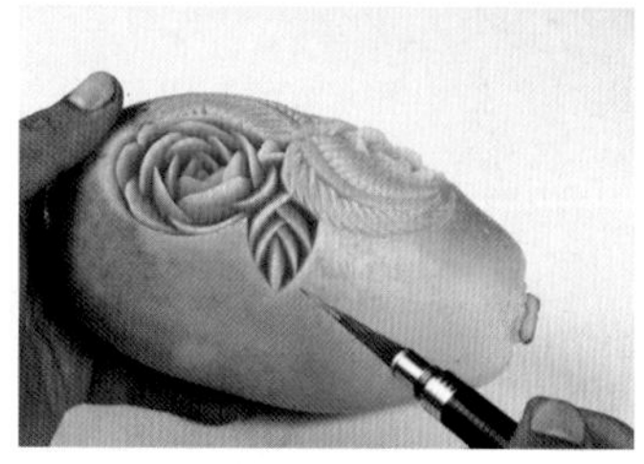

第十一步　雕出竹笋叶。

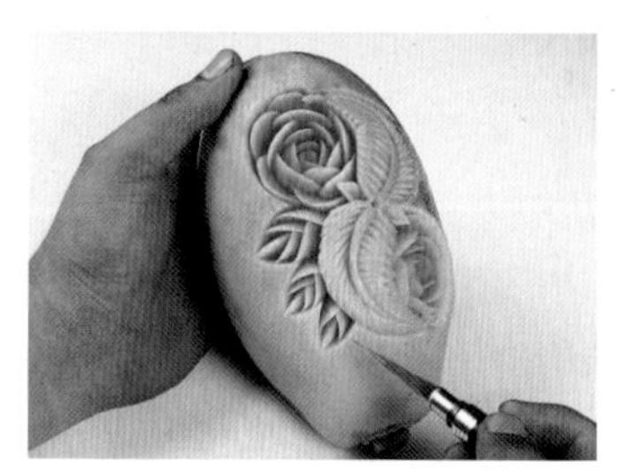

第十二步　雕出第二个、第三个逐渐变小的竹笋叶。

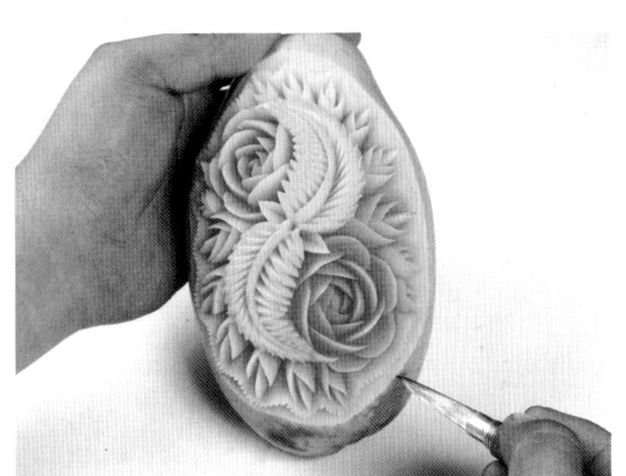

第十三步　抖刀雕出一圈波浪纹，剔废料。

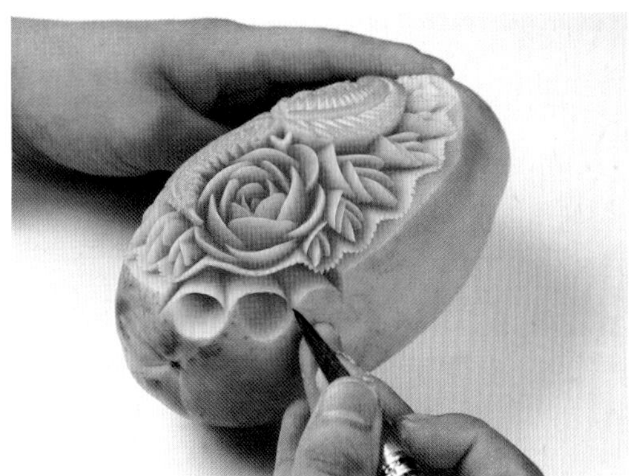

第十四步　再雕出一圈波浪纹。

第十五步　完成。

53. 木瓜四仙子

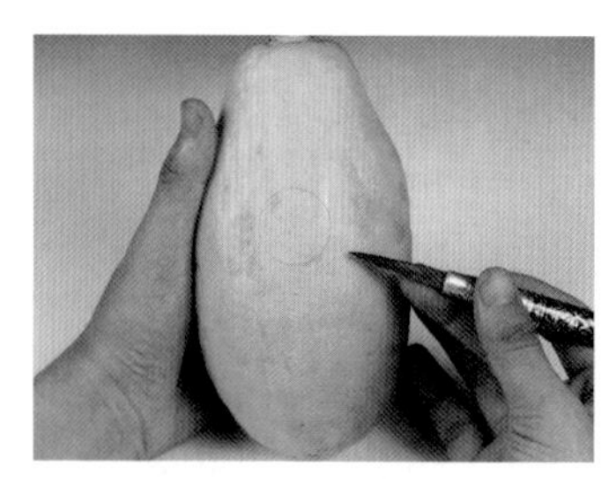

第一步　直刀在木瓜表面雕出一个圆。

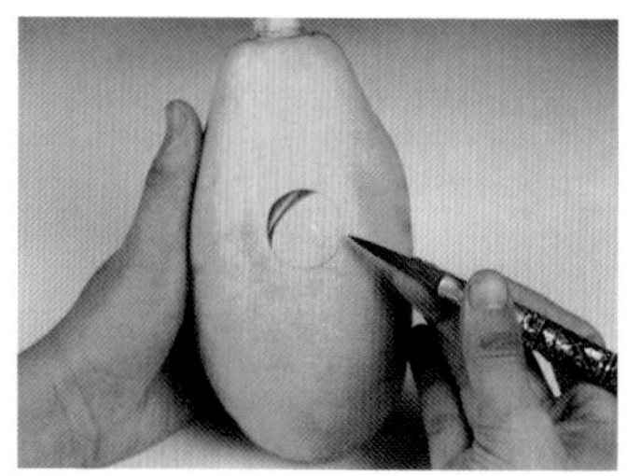

第二步　斜刀雕下一月牙形原料，直刀雕出花瓣，剔下一条废料。

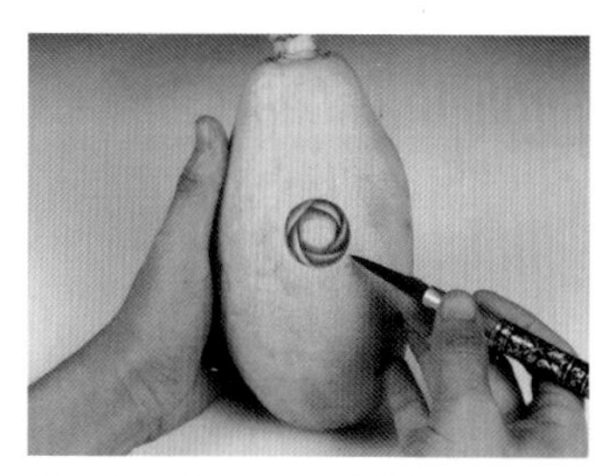

第三步　雕出第一层花瓣。

第四步　雕至花心，然后向外雕出一圈花瓣。

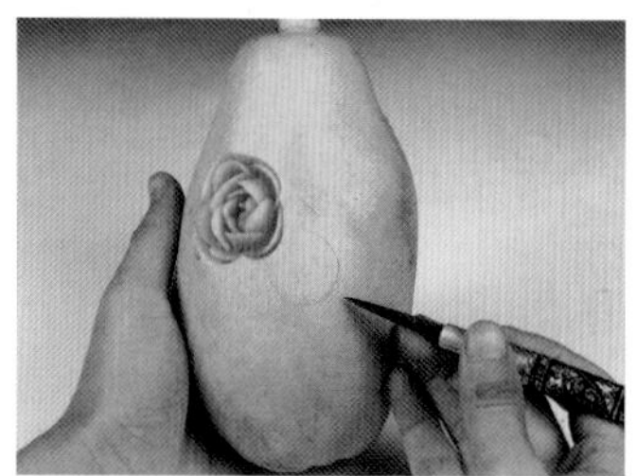

第五步　再直刀雕出一个圆。

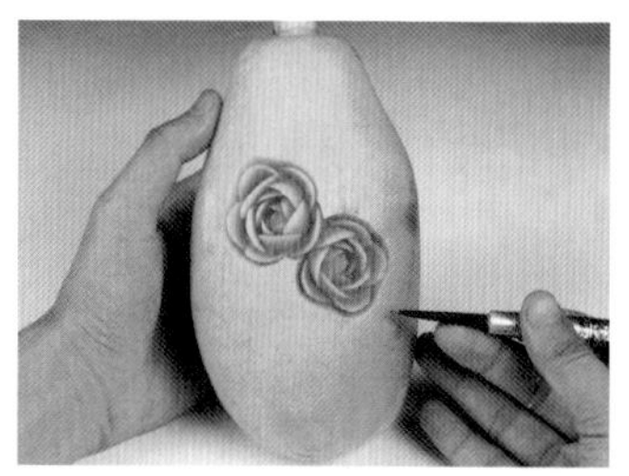

第六步　雕出第二朵花。

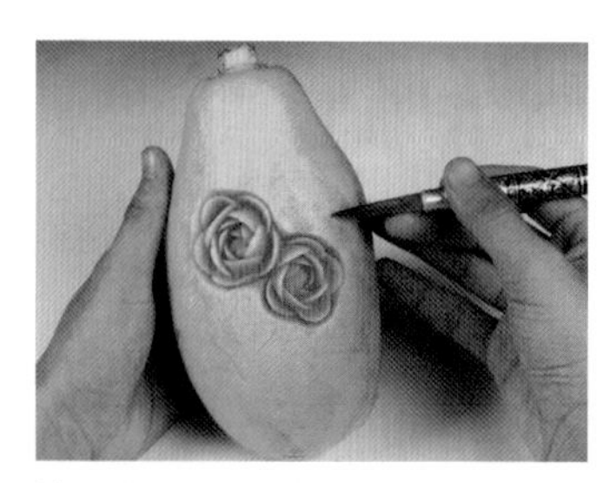

第七步　再直刀雕出第三个、第四个圆。

第八步　雕出第三朵、第四朵花。

第九步　雕出竹笋叶。

第十步　雕出四个竹笋叶。

第十一步　斜刀雕下一圆弧形废料。

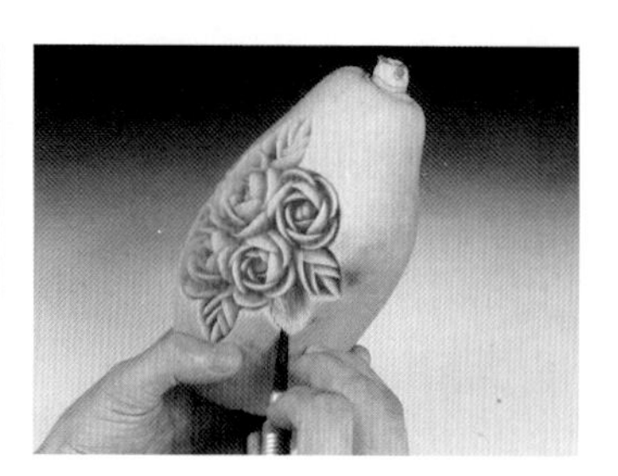

第十二步　抖刀雕下尖形叶片。

第十三步　雕出若干个尖形叶片。

第十四步　完成。

54. 浪漫苹果

第一步　直刀在苹果上雕出一个圆，雕出五个V形槽。

第二步　直刀雕出V形花瓣，然后剔下废料，形成五个心形。

第三步　再雕出两个弧线，使心形再小一圈。

第四步　斜刀向外雕出波浪形废料。

第五步　直刀雕出波浪纹，然后雕下一波浪形原料。

第六步　抖刀雕出第二个波浪纹，然后剔废料。

第七步　抖刀雕出第二层双波浪纹，剔废料。

第八步　雕出第三层双波浪纹，剔废料。

第九步　完成。

55. 红粉佳人

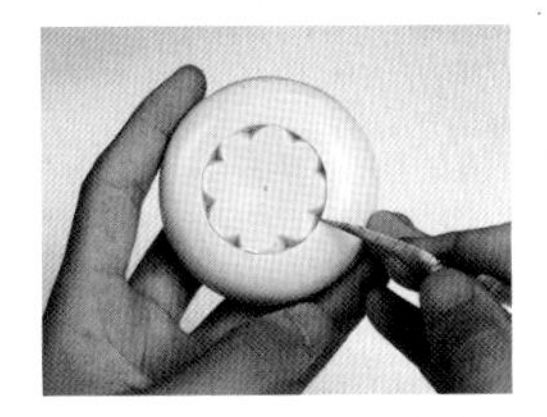

第一步　用圆规在香皂表面画个圆，直刀雕出这个圆，再雕出八个花瓣。

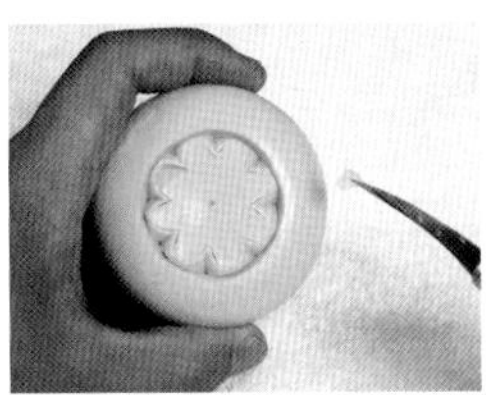

第二步　直刀雕出花瓣边缘，斜刀剔下一块废料。

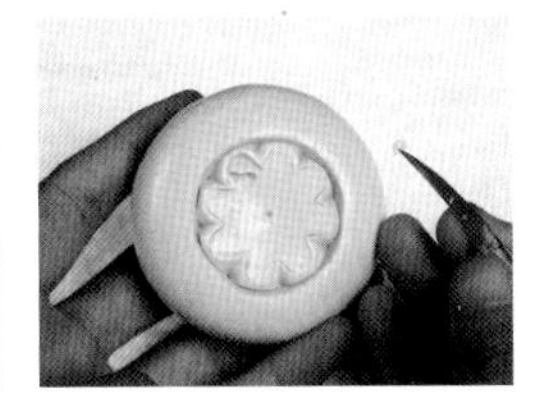

第三步　直刀雕一波浪形，旋刀、直刀剔下两块废料。

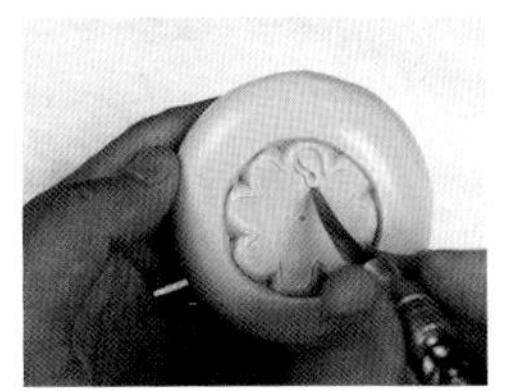

第四步　再直刀雕出一波浪形。

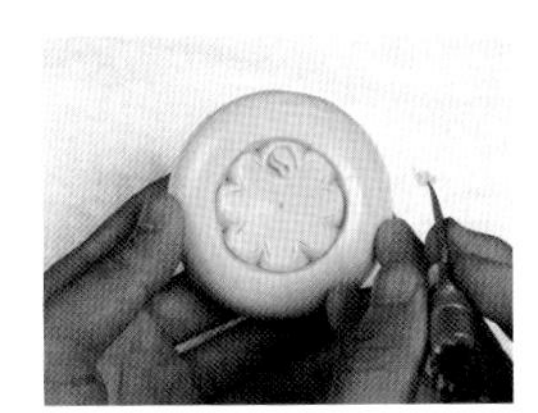

第五步　斜刀剔废料。

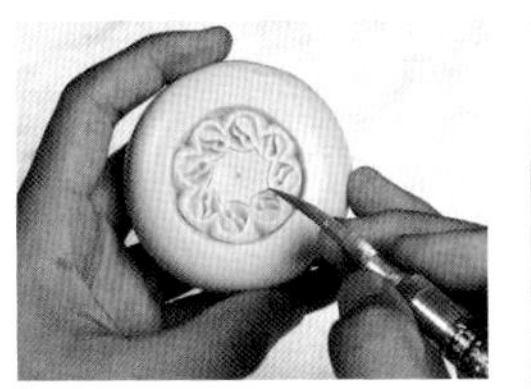

第六步　雕完一周，直刀雕出中间图案。

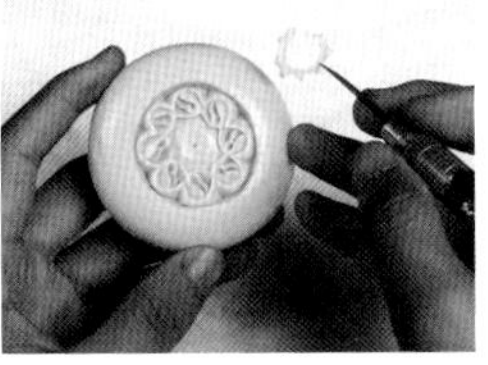

第七步　平刀剔去中间原料。

第八步　向外雕出V形槽。

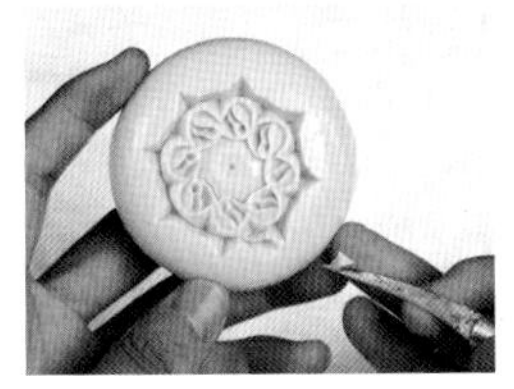

第九步　雕出波浪形，剔废料。

第十步　先直刀后斜刀雕下月牙形。

第十一步　再雕出齿形和月牙形废料。

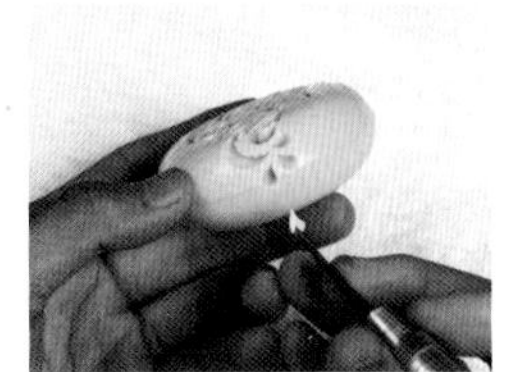

第十二步　雕出水滴和心形。

第十三步　雕出边缘图形，剔废料。

第十四步　雕出另几个图案。

第十五步　完成。

56. 镂空香皂盒

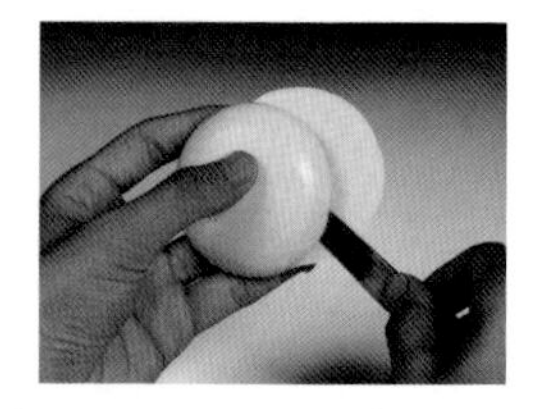

第一步　用大点的刀将圆形香皂一剖两半。

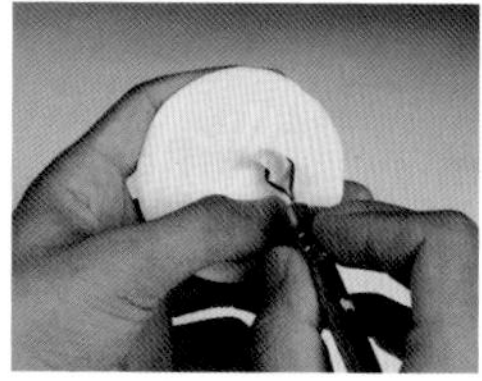

第二步　用掏刀挖去香皂中间的原料。

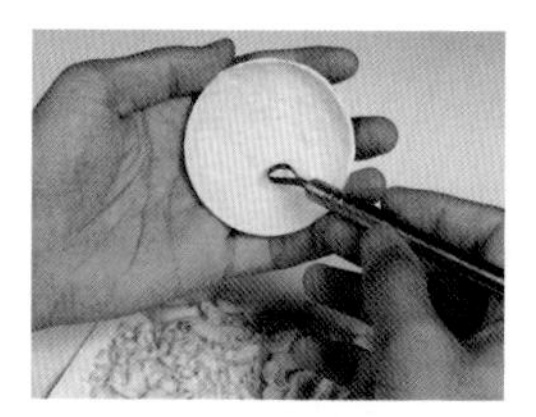

第三步　将香皂雕成凹下去的盘子形状。

第四步　在香皂的正面分好六等分，雕出六个心形。

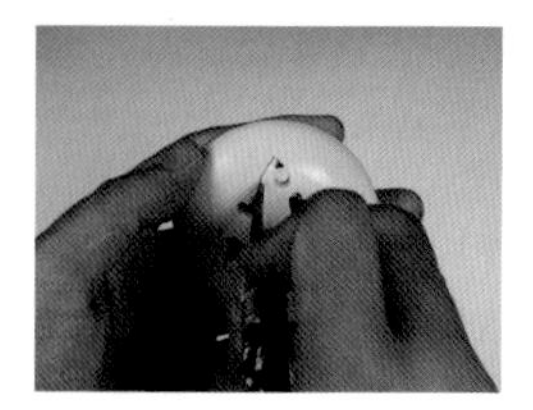

第五步　在外圈再雕出六个心形。

第六步　雕出中心的六个花瓣。

第七步　雕出小圆孔和波浪线。

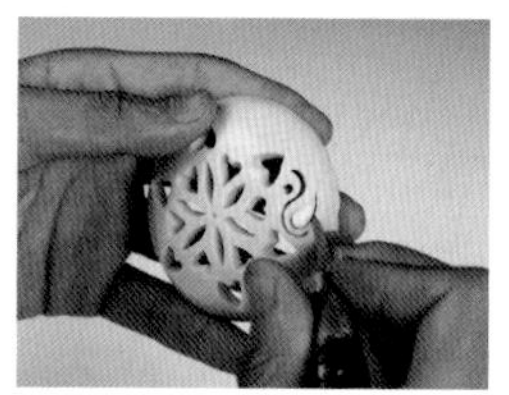

第八步　雕出小水滴。

第九步　雕完一圈波浪纹和小水滴。

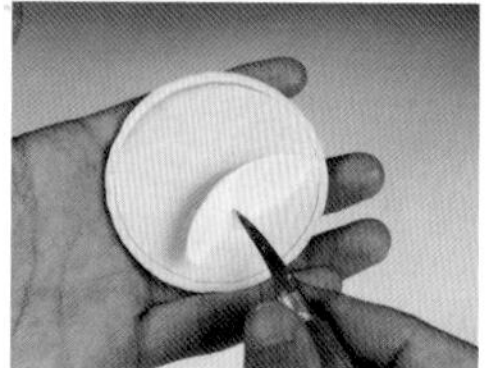

第十步　将另一半香皂的中间削低，成盘子形。

第十一步　雕出文字。

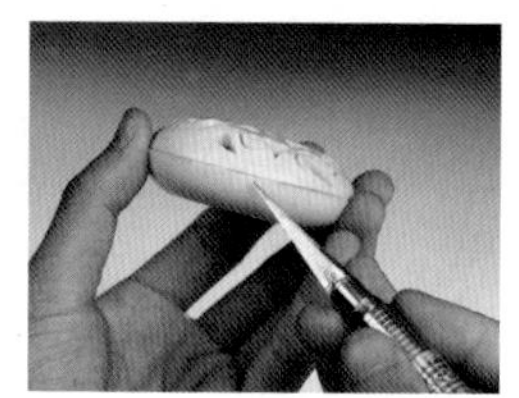

第十二步　将两块香皂复原，缝隙部分蘸一点水，压实。

第十三步　完成。

57. 香皂睡莲花

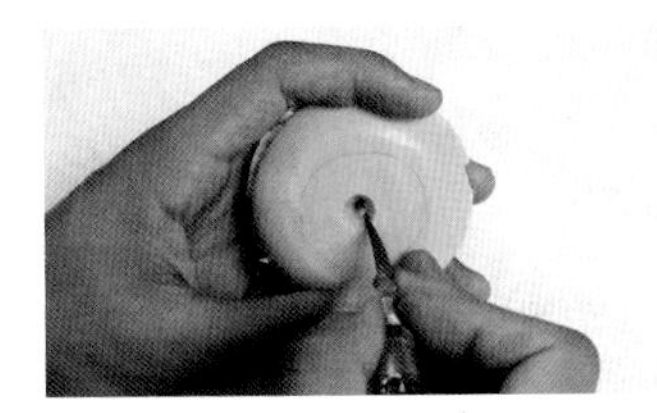

第一步　在香皂表面画一个圆，旋刀在圆中心雕出一个锥形坑。

第二步　用刀尖雕出一圈尖形花心。

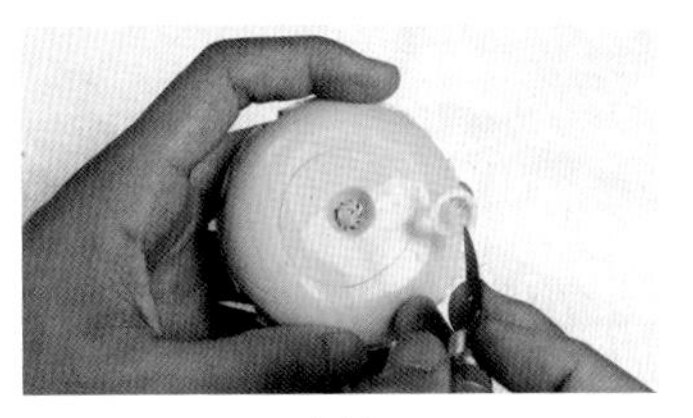

第三步　剔一圈废料。

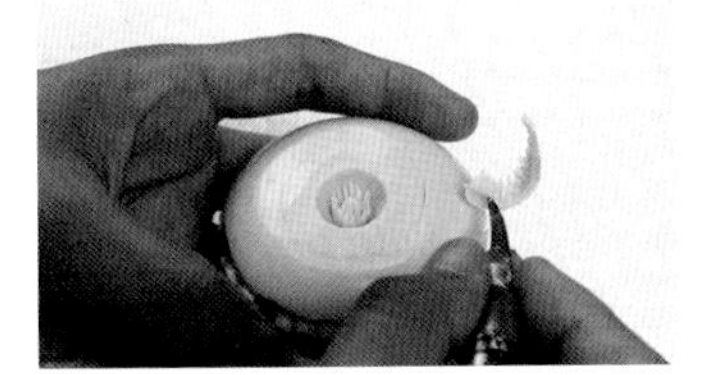

第四步　再雕一圈花心，剔一圈废料。

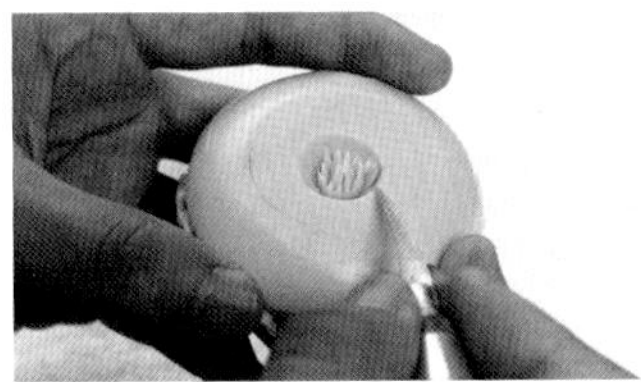

第五步　抖刀雕出片状花瓣。

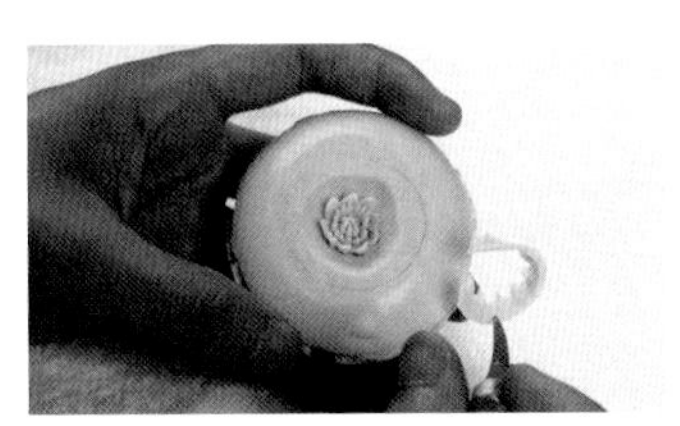

第六步　雕出一层花瓣后，剔一圈废料。

第七步　雕出第二层花瓣，剔废料。

第八步　雕出第三层花瓣，剔废料。

第九步　雕出第四层、第五层花瓣，剔废料。

第十步　完成。

58. 抹茶香皂花

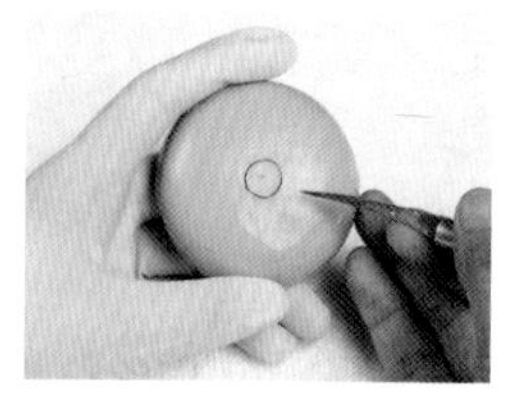
第一步　在香皂中间直刀雕一个小圆。

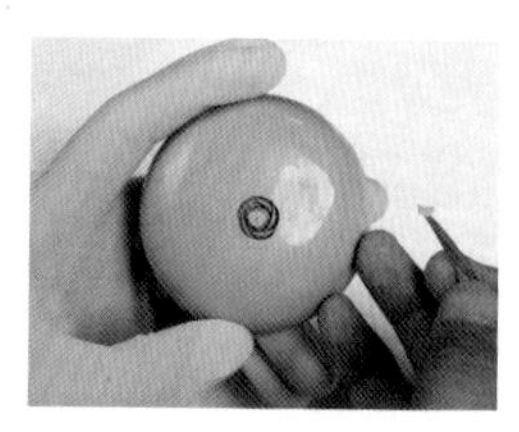
第二步　雕出一圈花瓣。

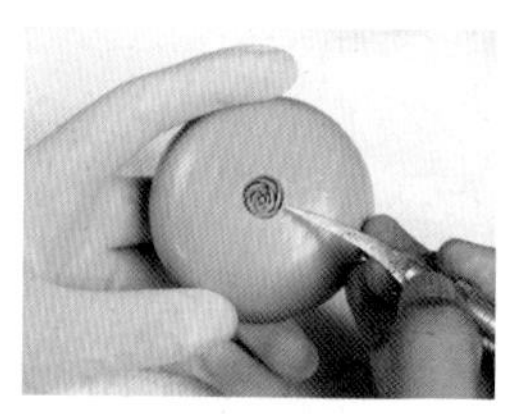
第三步　雕至花心。

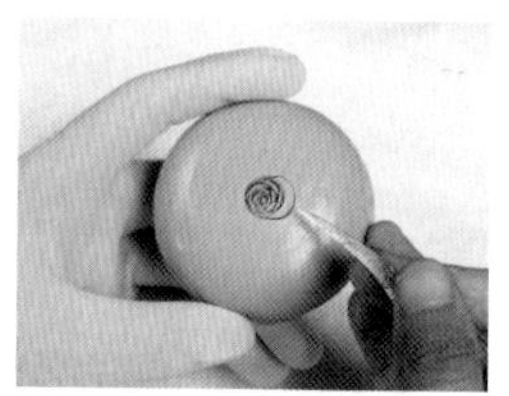
第四步　向外雕一花瓣轮廓。

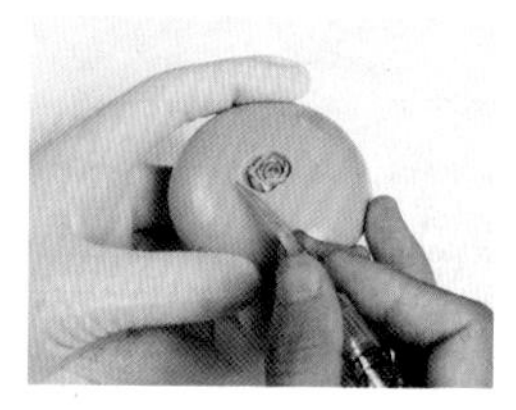
第五步　将花瓣两端修尖，旋刀雕出外翻花瓣。

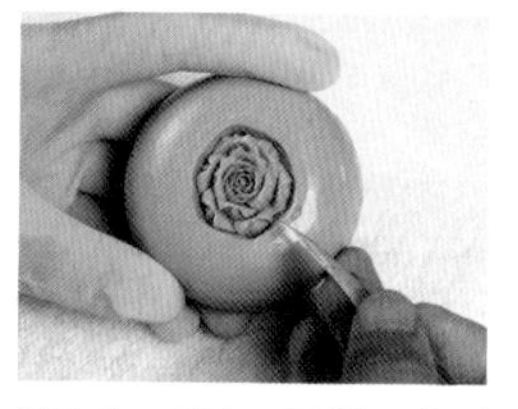
第六步　雕出一圈外翻花瓣后，再雕出一圈外翻花瓣。

第七步　斜刀剔除一弧形废料后，直刀雕出叶形花瓣。

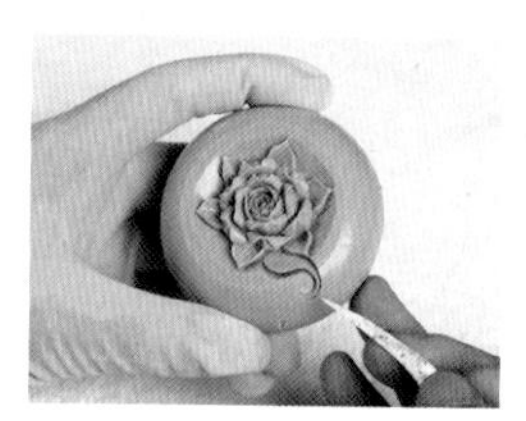
第八步　雕出两条曲线。

第九步　雕出小孔和线条。

第十步　雕出一个心形。

第十一步　在心形的侧面雕出一个重叠的鱼鳞片。

第十二步　在心形的下面再雕两片叶片。

第十三步　重复雕完一周图案即可。

作品欣赏

心语

夏日随想

天使之吻

时空花篮

机器猫

卡通熊

米老鼠和苹果猪

傻瓜我爱你

宝宝生日快乐

花心苹果